コンテナ苗
その特長と造林方法

山田 健
宮城県伐採跡地再造林プロジェクトチーム
三樹 陽一郎
ノースジャパン素材流通協同組合　共著

林業改良普及双書 No.178

まえがき

伐採後の更新をどうするか、どのような苗をどのように造林するかは、いずれ林業界が直面する大きな課題です。近年これに対する技術的な提案としてコンテナ苗の実証研究が進み、7年ほど前から苗の供給がスタートし、急速に拡大しています。

従来の裸苗に比べ、1年育苗が可能であること、器具を活用して効率よく植え付けられること、比較的時期を選ばず植え付けできることなどさまざまな特長を持つことが知られるコンテナ苗。マルチキャビティコンテナ、Mスターコンテナなど国内で生産されるコンテナ苗の特長とコンテナ苗を使った造林方法の全体像を理解していただくために、最新情報、動向を本書にまとめました。

解説編では、コンテナ苗の形状の技術的特色、育苗技術、そして造林方法や機械システムによる収穫と連動した一貫型造林など、コンテナ苗を活用した低コスト造林技術までを森林総合研究所の山田　健氏に執筆いただきました。

事例編では、コンテナ苗の詳細な特色から実際の植え付けにいたる技術、造林方法の実践については、宮城県伐採跡地再造林プロジェクトチームに執筆いただきました。

マルチキャビティコンテナとは違った形状をもつMスターコンテナが宮崎県で開発されています。独自のその技術について、開発から実用化までに至る経緯とともに、その育苗技術、植付け方法について、宮崎県林業技術センターの三樹陽一郎氏に執筆いただきました。

コンテナ苗を使った低コスト造林として低密度植栽の実証試験などに取り組んできた造林事業者の成果について、ノースジャパン素材流通協同組合に執筆していただきました。

さらに、Mスターコンテナを自家育苗し、自家山林へ植栽している宮崎県森林所有者の取り組み事例についても併せて紹介いたしました。

北欧等ではすでに40年以上の歴史があるコンテナ苗ですが、わが国での事業的歴史はまだ6年程度でありながらも、急速にその生産が拡大しつつあります。その特色を生かして、今後の更新をどう行っていくか、その参考として本書を活用していただければ幸いです。

まとめに当たりましては、林業普及・研究機関など多くの方々にご協力をいただきました。本当にありがとうございました。

平成27年1月　全国林業改良普及協会

目次

コンテナ苗利用上（造林）の課題　36

事例編2

解説編

コンテナの特徴
－育苗・造林技術の動向

独立行政法人 森林総合研究所
林業工学研究領域 造林機械化担当チーム長

山田 健

コンテナ苗の特徴―育苗・造林技術の動向

独立行政法人森林総合研究所　林業工学研究領域　造林機械化担当チーム長
山田　健

コンテナ苗の特徴

1年育苗も可能

コンテナ苗とは、マルチキャビティコンテナと呼ばれる容器に培地を詰めて育成した鉢付き苗で、育苗容器であるコンテナには過去にポット苗で問題となった根巻きを防止するための対策が施されています。コンテナ苗には、高能率に植え付けられる、短期間で育苗できる、という特長があり、省力・低コスト造林の切り札として期待されています。

北欧等林業先進国では１９７０年代よりコンテナ育苗技術が開発され、すでに確立したものとなっていますが、我が国では２００７年に初の国産コンテナが供給されるようになったばかりで、事業的なコンテナ育苗の歴史はまだ6年程度です。その短い間にも技術革新は進んで、現在では国産樹種のコンテナ育苗技術は当初とはかなり様変わりしています。

現在は多くの樹種で、春に播種または挿し付けしたコンテナ苗をその年の秋には出荷する１年育苗が可能になっており、出荷までに3年程度かかる裸苗と比較して苗木需要の変化に柔軟に対応することができます。

国産のマルチキャビティコンテナは3種類

現在広く普及している国産の育苗コンテナは、林野庁事業により開発されたＪＦＡ１５０、ＪＦＡ３００の2種類ですが、最近になって新たにＪＦＡ１５０と同サイズのスリット付き

150ccのコンテナが流通に乗り始めました。今のところはこの3種類が国産マルチキャビティコンテナのすべてで、ほかの形状、サイズのものを入手しようと思ったら海外から購入するしかありません。今のところ、国内に恒常的に海外の育苗コンテナを取り扱っている代理店はありませんが、インターネット上で比較的容易に購入することができます。海外では容積も形状も多種多様なコンテナが市販されており選択肢は豊富ですが、海外からの購入は運送料がかかり、販売価格よりもかなり高価になることを念頭に置く必要があります。

コンテナ苗＝「根巻き対策が施されていて」「容器栽培された」苗木

先日林野庁より、主要造林樹種コンテナ苗の規格表が公表されました。その際コンテナ苗の定義について、当初はマルチキャビティコンテナで育苗した苗木のみをコンテナ苗とする案が出されましたが、各方面から「多数連結していない個々のキャビティが独立したコンテナで育苗しても全く同じような苗木ができるので、それでは限定的すぎる」という声があり、最終的に「根巻き対策が施されていて」「容器栽培された」苗木は、基本的にコンテナ苗として定義されることになりました。

本件の林野庁長官通知のコンテナ苗にかかる部分を引用しますと、「容器の内面にリブ（縦筋状の突起）を設け、容器の底面を開けるなどによって根巻きを防止できる容器（具体的には、林野庁が開発したマルチキャビティコンテナや宮崎県林業技術センターが開発したMスターコンテナ又はこれらと同等と都道府県知事又は森林管理局長が認めたもの）」とされており、JFAコンテナを念頭に置いた定義ではありますが、ほかの形状のコンテナも排除しないような文面となっています。

コンテナ形状による分類

①マルチキャビティコンテナ

育苗するための「キャビティ」と呼ばれる容器が多数連結した形状のプラスチック製コンテナ（写真1）で、底面は開放されていて、空気根切りにより底面での根巻きを防止します。キャビティ形状は円錐台形または四角錐台形です。使用しないときには積み重ねて保管すること

写真１　マルチキャビティコンテナ

ができるなど、取り扱いが容易です。

マルチキャビティコンテナという名称は国内ではすでに定着していますが、国際的にはあまり一般的ではないようです。

②単独コンテナ

キャビティが独立した連結していないコンテナ（写真２a）については定まった名称がありませんが、ここでは仮に「単独コンテナ」と称します。キャビティの形状自体はマルチキャビティコンテナと同等で、多数連結したフレームで保持し（写真２b）、マルチキャビティコンテナのように扱います。

未発芽キャビティを取り除いたり、苗木の成長に従って育苗密度を調整したりできる利

写真2a　単独コンテナ

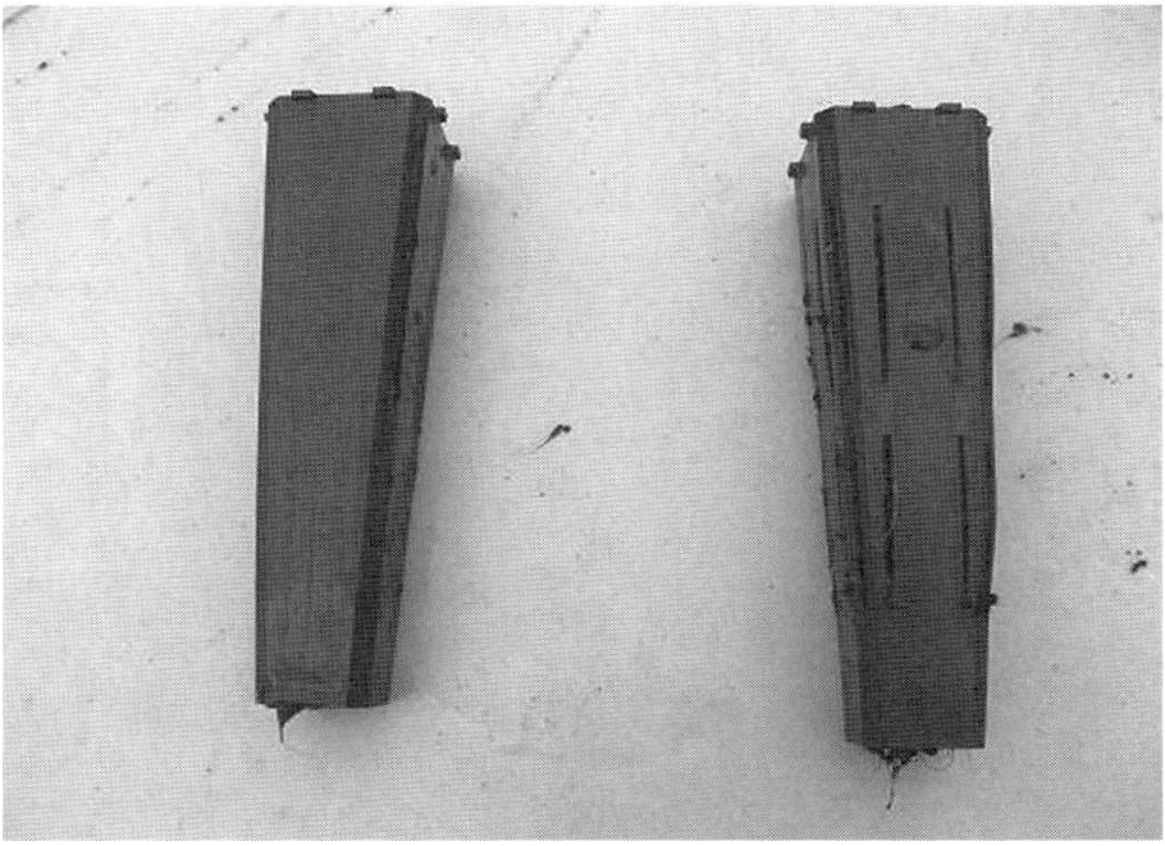

写真2b　単独コンテナとフレーム

写真3　Mスターコンテナ

点がありますが、培地を詰める作業やコンテナの洗浄・消毒作業などが面倒です。

③Mスターコンテナ

前述の通り宮崎県林業技術センターが開発したもので、波状のプラスチック片を筒状に巻いてフレームに保持し、そこで育苗するというコンテナです（写真3）。波状部分がリブの役割を果たして、側根の周回を防止します。

長所短所は単独コンテナと同等ですが、巻き径を調整することによりコンテナ容積を変えられるという特長があります。

根巻き防止方法による分類

①内面リブ方式

コンテナキャビティ内で側根が側壁に突き当たったときに周回することを防止するために、内面の長手（垂直）方向に「リブ」と呼ばれる高さ2㎜程度の突起を設ける方法です（写真4）。リブは周方向に等間隔に8～12本程度設定されます。これにより側壁に沿って周回しようとした根は下方に誘導され、底面に達したところで空気根切りされて伸長を止めます。根端は底面に集中し、根鉢の根系は竹串を束ねたような形状になります。

②サイドスリット方式

キャビティ側面に縦長の幅2㎜程度のスリットを設け、そこで空気根切りを行うことにより側根の周回を防止する方法です（写真5）。この方法ですと根鉢の側面にも根端が生じるため、植栽後の側根形成が早くなります。

スリットの数はリブと同程度ですが、コンテナ側面全長に渡ってスリットを設けると強度が低下するため、スリットを2分割して中間部で強度を保つことが一般的です。リブとスリット

写真４　内面リブ

写真５　サイドスリット

双方を備えたコンテナも製造されていますが、リブがあるとスリットの長所が半減してしまうため、近年はスリットのみのコンテナが多くなっています。

育苗時には、側面からも水分が蒸発するため内面リブ方式よりも大量の灌水が必要である、育苗環境の湿度が高いとスリットから隣のキャビティのスリットへ根系が伸びてしまう、などの特徴があるので注意が必要です。

内面リブ方式とサイドスリット方式では、苗木の根系形状が異なる

内面リブ方式コンテナとサイドスリット方式コンテナで育苗した苗木の根系形状はかなり異なります。内面リブ方式では側根がすべて下方に誘導され、根端が底面に集中するのに対して、サイドスリット方式では側根が側面で空気根切りされ、根端は側面・底面の双方に分布します。

そのため植栽後には、内面リブ方式コンテナで育苗した苗木は底面からのみ根系が伸長し、浅いところにあまり側根が分布しない傾向が見られます。サイドスリット方式コンテナで育苗した苗木は、側面からも根系が伸長し、しばらくすると裸苗に近い形状の根系となります。こ

写真６　クロマツコンテナ苗植栽１年後

の傾向はスギではあまり顕著ではありませんが、クロマツなどでは違いが明確です（写真６）。

コンテナ苗植栽器具は、いずれも先の尖った形状のものを地中に突き刺して植え穴を空ける作動原理であるため、しばしば植栽したコンテナ苗が側面のみで土壌に接し、底面が空隙にさらされた状態になります。そのようなときに内面リブ方式コンテナ苗木は空気根切りされたままの状態となり、根系の成長が滞ってしまうので、植え付け方法に注意が必要です。

スギなどは、根鉢から根系を伸ば

せない場合には、根鉢より上の土に埋まった樹幹部分から不定根を出して側根とするので、スギコンテナ苗の植栽時には深植えするような作業指針を設けている場合もあります。

現在国内生産されているコンテナのうち、ＪＦＡ１５０、ＪＦＡ３００は内面リブ方式のマルチキャビティコンテナ、新規流通しているものがサイドスリット方式のマルチキャビティコンテナですが、海外産に目を向ければ内面リブ方式、サイドスリット方式、マルチキャビティ、単独、すべての組合せのコンテナが市販されていますので、選択肢は多様です。

コンテナ苗の普及状況と全国的な動向

全国山林種苗協同組合連合会（全苗連）の統計によれば、２０１１年における国内のマルチキャビティコンテナによるコンテナ育苗本数の推計は、当年出荷見込みと翌年出荷見込みを合わせて約98万６０００本でした。これには輸入コンテナやＭスターコンテナなどによる生産本数は含まれていないので、実際にはこれよりやや多い本数が育苗されていると考えられます。

ＪＦＡ１５０、ＪＦＡ３００は２０１２年３月時点の累計で約７万６０００個出荷されており、このほか輸入コンテナやMスターなどの数も含めると育苗コンテナは国内に8万個程度あるものと考えられます。現存コンテナ数とコンテナ当たりのキャビティ数からは、潜在的なコンテナ育苗生産力は実態としての育苗数よりも高いのではないかと推測されます。

地域的には、コンテナ育苗を最初期から導入してきた宮城県と宮崎県でコンテナ苗の生産数が多く、それに隣接する岩手県、大分県などの生産量も多くなっています。今後コンテナ育苗技術が普及するにつれてコンテナ育苗を導入する事業体が増えることが期待されます。

コンテナ苗育成上の課題

できるだけ多くのキャビティに苗を成立させるには

現在国産樹種のコンテナ育苗に当たり、最大のネックとなっているのは種子発芽率の低さです。コンテナ苗の価格が期待したように下がらず、裸苗よりも高い水準となっている要因の一つともなっています。海外のコンテナ育苗先進国では、マツ・トウヒなど元々の発芽率の高い樹種の種子を、さらに選抜を重ねて100%に近い発芽率を達成し、コンテナの各キャビティに1粒播種する方法で十分な得苗率を得ています。

この方法であれば育苗コストを低く抑えることができ、安価なコンテナ苗の供給が可能となります。国内でもエゾマツでは、精選技術の開発により100%近い発芽率を達成しています※4。

翻って、スギ・ヒノキの種子発芽率はきわめて低く、自然状態での発芽率が20~50%程度、水選・風選などの方法をもってしても1粒播種できるまでの発芽率には至っていません。コンテナや育苗施設のスペース効率を最大限にするためには、極力すべてのキャビティに苗を成立させることが必要です。そのための方策として、以下の方法があります。

①苗床苗の移植

主にスギの種子発芽率の低さを補う方法として、当初は苗床で発芽させた1年生苗のコンテナへの移植を行っていました。しかし移植は作業能率が低いため、労賃が苗木コストを押し上げることがわかりました。

森林総研及び東京大学北海道演習林で苗床苗のコンテナへの移植作業功程を測定した結果では、おおむね苗木1本当たり1分程度要しています[※15]。また、移植時にはどうしてもコンテナに収まりきらない根を切断することになり、根切り及び移植行為そのものが育苗時の根系の変形を招いているのではないかと考えられています。

そこで、発芽直後の苗高数mm程度の芽生えを移植する方法を試みたところ、根切りの必要がなく移植時の培地への穴開けも簡便で済むため、高い作業能率が得られ、また根系の変形の可能性も少なくなることが判明しました。ただし、種子発芽直後に作業を行わなければならないため、発芽のタイミングに作業スケジュールを合わせる必要があります。

②コンテナ間移植

農業用プラグ苗等に用いられる数cc程度の小さなコンテナに1粒播種し、発芽した幼苗を大きなコンテナに移植する方法です。

発芽率の低い種子では多くのキャビティが無駄に使用されることになりますが、容量が小さいのであまり惜しくありません。成形性のある画一的形状の根鉢を持つ苗木を移植するので、移植される側のコンテナ培地への穴開けは簡単で、高能率に移植作業ができ、大量生産する場合には機械化も可能です。また、苗床苗移植のように根系を傷める心配がありません。

　この方法は、海外苗圃では事業的に行っている事例がありますが、国内では試験的に行った以外には例がないのではないかと思われます。

③多粒播種と間引き

　前述のように、育苗コストと根系の形成の点から、移植よりも直接播種の方がよいのではないかと考えられるようになりました。直接播種の際には、コンテナ当たりの未発芽キャビティ数を最小限にすることが求められ、発芽率の低い種子の場合であれば2粒以上播種する必要があります。発芽率と許容できる未発芽キャビティ数、所要播種粒数の関係は次式のようになります。

種子発芽率：x

コンテナキャビティ数：n

許容未発芽キャビティ数：m

播種数：y

期待得苗率：1 − m / n

所要播種数：$y = \log_{1-x}(m / n)$

この計算法で、例えば発芽率50％の種子で95％以上の発芽を得よう（40キャビティのJFA150コンテナで未発芽キャビティを2個以下に抑えよう）とすると、

$$y = \log_{1-0.5}(1 - 0.95) = 4.32$$

あるいは

$$y = \log_{1-0.5}(2 / 40) = 4.32$$

となり、5粒播種する必要があることがわかります。

図1　発芽率と所要播種数の関係

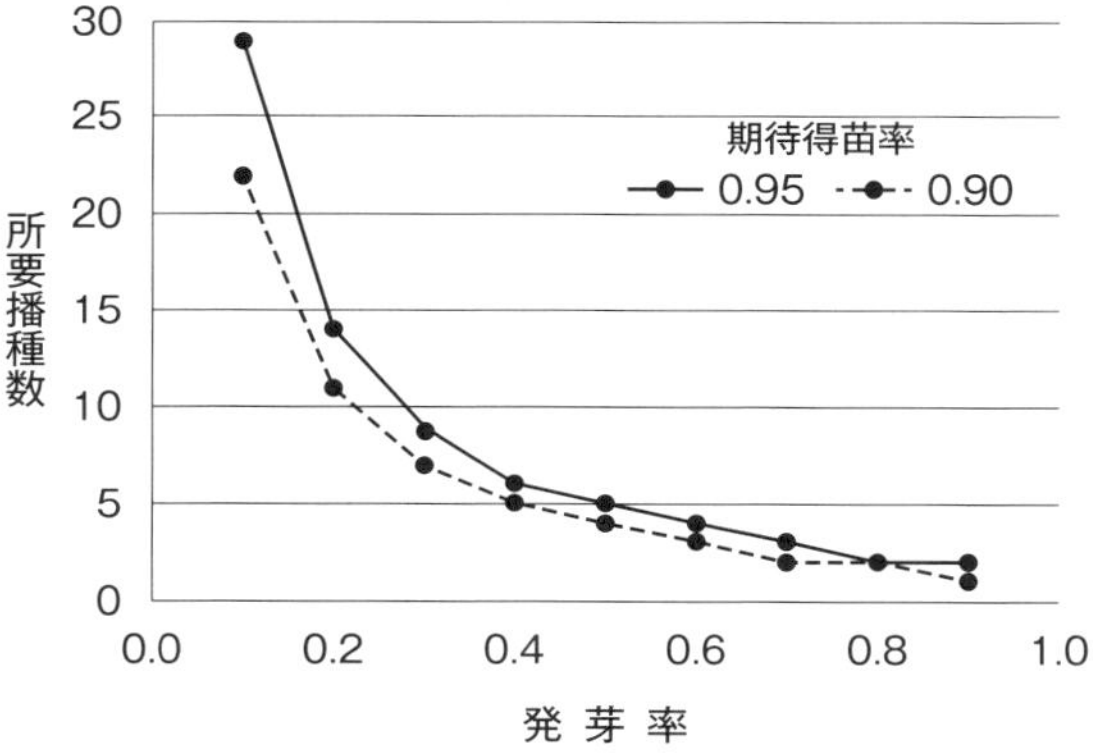

※発芽率が高い樹種ほど、播種数は少なくて済む

種子発芽率、期待得苗率、播種数の関係を示したグラフを掲載します（図1）。

発芽率50％の種子を5粒播種した場合に発芽する本数の確率分布を計算してみますと、発芽数5：0・031、発芽数4：0・156、発芽数3：0・313、発芽数2：0・313、発芽数1：0・156、発芽数0：0・031となり、都合よく1本だけ発芽してくれる確率は1／6程度となります。

1キャビティ当たり2本以上発芽したものは1本になるように間引きする必要がありますが、発芽のタイミングはある程度の長さの期間にわたるため、間引き作業終了の見切りをつけるのは難しい判断となります。

④挿し木

種子を使用しない育苗方法である挿し木も、低発芽率を回避する有効な方法ですが、挿し木の可否は品種や地域の林業体系に深く依存しており、育苗方法を簡単に実生から挿し木に変更できるというものではありません。しかし近年、特に挿し木適合ではない品種について、小さな枝片を培地に挿すマイクロカッティングの手法による育苗が試みられており、その成果が期待されています。

挿し木苗の根系は培地の下半分に発達する傾向

挿し穂を培地に挿すとき、倒れないようにするためにある程度の深さに挿すことが必要です。しかし、挿し木は切り口から発根するため、挿した深さよりも下にしか根系が発達せず、培地の深さの下半分にだけ根鉢ができる傾向があります（写真7）。

このような苗は根鉢の成形性が低く、根系のない部分の培地が崩れやすくなります。挿し穂の培地に埋め込む軸部分に傷を付けることによりそこから根系を発生させ、培地の上部にも根

写真７　挿し木コンテナ苗の短い根鉢

系を巡らせることができます。

需要に応えるには、種子・挿し穂の確保が必須

豊作間隔が長い樹種、種子の保存が難しい樹種、人為的に結実を促進する方法が適用できない樹種などでは、需要に応じた種子の入手が困難であり、現在カラマツなどの種子が不足傾向となっています。挿し木育苗用の挿し穂も近い将来の品不足が予測されています。

これから拡大造林期に植栽した人工林が伐期齢に達し、伐採が最盛期を迎えるため、裸苗、コンテナ苗を問わず再造林用の苗が多数必要で、東日本大震災の津波で失われた海岸林の再生に向けた苗木の需要も見込まれます。今後、採種園、採穂園の整備等を進め、種子、挿し穂の確保に備える必要があります。

近年は、大都市近郊などでスギの再造林用苗木を無花粉・少花粉品種に限定したり、エリートツリーが求められたりしています。コンテナ育苗用の種子・挿し穂確保の際には、量だけでなくそういった需要に応えうる質も重要となってきます。

コンテナ苗利用上（造林）の課題

植栽適期はいつか

現在、林業現場では再造林コストを低減させるため、伐採と造林を連続的にあるいは同時並行的に行う伐採・造林一貫作業が行われるようになってきています※7。一貫作業システムについては後に詳述しますが、伐採のスケジュールに造林作業を合わせる必要があるため、植栽適期の長いコンテナ苗の使用が必須であるとされています。植栽適期が休眠期に限られ、成長開始前の春先か成長終了後の秋が植え付け時期であるとされている裸苗と比べて、コンテナ苗は成長期でも植栽することができます。

そこで実際に、コンテナ苗をさまざまな時期に植え付けて活着・成長を比較する試験が行われています。森林総研が宮崎県で行ったスギコンテナ苗時期別植栽試験では、年間を通して94%以上の活着率を得ることができ、おおむねいつでも植えられるという結果が得られました[※16]。

しかしこれは、2月から植え付けることのできる温暖な宮崎県で挿し木苗を植え付けた試験によるもので、気候や苗木品種の異なる地域でも同じ結果が得られるわけではありません。茨城県つくば市に所在する森林総研の苗畑で行ったスギ実生コンテナ苗植栽試験では、冬季に植えると霜柱により苗木が植え穴から押し出されてしまう、夏季に植えたものは成長量が少ない、などの結果を得ており、土壌凍結期や盛夏は植え付け適期ではないと思われます。

また、成長開始直後にコンテナ苗を植えると、形状比が大きく樹体が柔らかいため倒伏しやすいという現象も見られました。積雪、季節風など地域の気候によっても植え付け適期は異なってきます。一方で、5月の植え付け直後に例年になく少雨で、裸苗の枯死率が高かったときに、コンテナ苗は比較的多数生残していた、などの事例もあり、厳しい条件下での造林には裸苗よりは有利なのではないかと考えられます。

さまざまな植栽器具

裸苗をクワで植え付ける方法がほぼ確立されているのと比較して、コンテナ苗はさまざまな植栽器具を使用して植えられています。現在コンテナ苗植栽器具として最も広く使用されているのは裸苗と同様クワですが、プランティングチューブ、スペード、ディブルといった器具も使用されています（写真8）。

基本的には地表に苗木の根鉢の形状の穴を空ければ植えられるので、ツルハシやバールを使用している地域や、オリジナルの植栽器具を製作して植え付けている地域もあり、ローカルな植栽器具を含めれば相当に多種多様な器具がコンテナ苗植え付けに使用されています。

写真８　コンテナ苗植栽器具

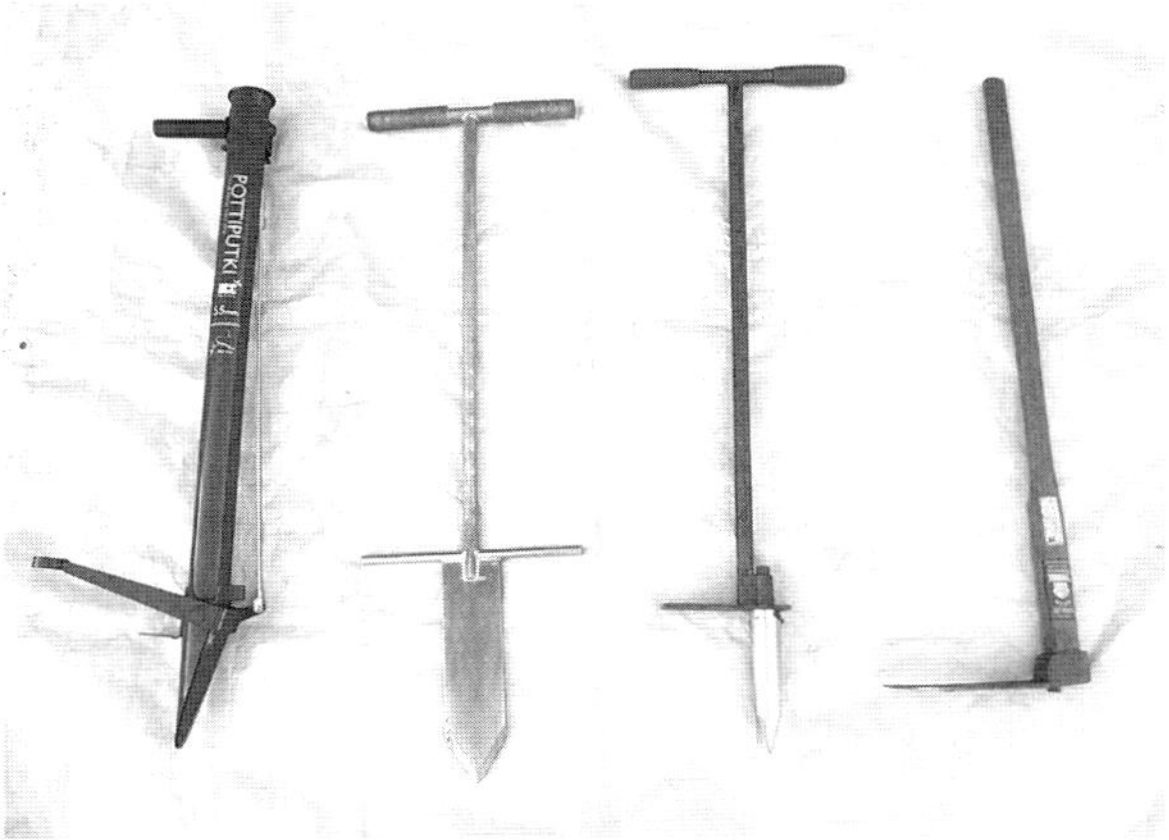

①プランティングチューブ

プランティングチューブは先端がクチバシ状になった筒型の植栽器具で、地中に貫入した後ペダルを踏んで先端を開き、苗木を落として引き抜く、という使用法をとります。かがまずに立ったまま作業ができるため労働負担が少なく、条件のよいところでは非常に高能率に植えることができます。

海外の調査事例では１１００～１８００本／人日※[9,10]、プランティングチューブを販売している会社のホームページでは２０００本／人日※[1]、あるいは５０００本／人日※[3]などという途方もない数値が示されていますが、国内では苗木のサイズが比較的大きいことや根鉢と土壌の密着のために周囲をてん圧する必要があることなどから、作業能率はそれよりかなり低くなります。

プランティングチューブは使用できる条件を選ぶ道具であり、これまでの調査事例では、スギ、ヒノキなどは枝張りが大きくチューブを通らないため使用できないことが多く、硬い土壌、礫質土、地被物の多い林地などでも使用できず、また傾斜地、粘着性土壌でも使用が困難です。

プランティングチューブの構造に関しては国際特許が取得されているということで、まねて作ることはできず、入手するには海外から輸入するしかありません。

②スペード

スペードは柄の着いた板状の器具で、地中に貫入して前後にこじって穴を広げ、そこにコンテナ苗を植え付けるという使用法をとります。国内では市販されていませんが、海外の林業器具販売会社のカタログには掲載されています。輸入で購入することもできますが、構造が簡単なものなので、鉄工所等に依頼して製作することも可能です。これまでさまざまな形状のものを試作して植え付けてみましたが、先端が尖ってエッジがついたものが、前生植生の根茎を切断できて使い勝手がよいことが判明しました。

③ディブル

ディブルは、円錐台形の金属に柄を付けたような形状をしており、コンテナ苗の根鉢の形状の穴を地面に空けてそこに植え付けるための器具です。これも国内には出回っておらず海外では市販されているものですが、スペードと同様鉄工所等で作ってもらうことができます。深植えに対処するために、穴開け部分をコンテナ苗の根鉢と全く同じ形状・サイズとせず、やや長めにした方が使い勝手がよくなります。根鉢の径の大きな苗には、使用時に地中に貫入させてから円を描くようにこじることで対応できます。

本来ならば根鉢と全く相似な先端形状の方が根鉢と土壌の密着を確保できるのですが、先端が平らだとよほど土壌が柔らかいところでないと貫入させることができないため、先端を尖った形状としています。サイズの異なる複数のコンテナ苗に対応するために、先端ビットを交換式にしたものもあります。

④クワ

クワでコンテナ苗を植え付ける際には、ひとクワ植えを行うことが推奨されます。丁寧植えももちろん可能ですが、ひとクワ植えをすることにより作業能率を大幅に高くすることができます。

クワは場所や苗木のサイズを選ばず使用でき、礫、地被物のあるところでも植え付けることができて、最も汎用性の高い器具ということができますが、平坦地や緩傾斜地ではかがんだ姿勢をとる時間が長く、労働負担は最も大きいと考えられます。コンテナ苗の根鉢形状に合わせた幅の狭いクワが海外では市販されていますが、通常の唐グワでも問題なく植え付けられます。

植栽器具は条件によって使い分ける

コンテナ苗植栽に関しては、すべての場面で効率的な使用が可能な万能の器具はなく、条件によって使い分けるのが現実的です。使用条件に適した器具を用いると、裸苗と比較して非常に高能率に植え付けることができます。植栽器具はこれまで主に植え付け作業能率により評価されてきていますが、そのほかに使用時の労働負担、植栽後の苗木の活着・成長という視点も必要です。すでに、各地で植栽器具ごとの作業能率のデータは蓄積されつつあります。

現在森林総研ではコンテナ苗植栽現場に持ち込んだ各植栽器具による作業時における労働強

度を測定し、地形、土壌、苗木種類などの条件ごとに植栽器具を選択する基準を設けるとともに、より楽に作業できる植栽器具の開発・改良を行うことを目指しています。使用した器具ごとの植栽後の活着・成長の調査はまだ端緒についたばかりで、今のところ植栽器具の評価につながる段階には至っていません。

図2　苗木1本当たり植え付け所要時間

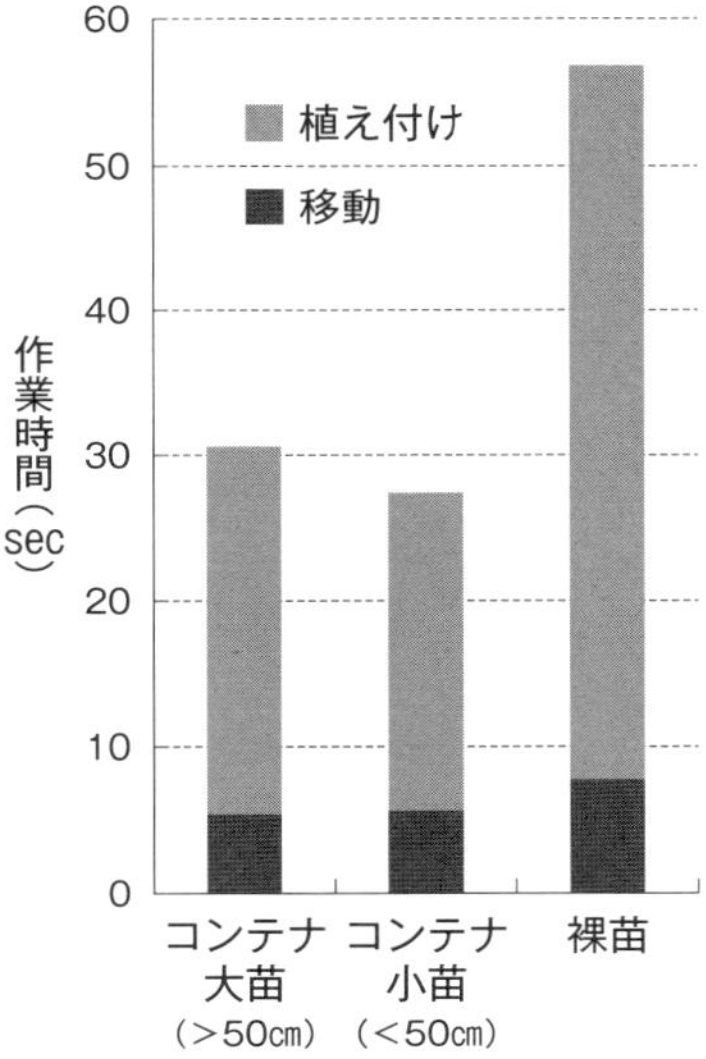

仙台森林管理署管内の国有林で裸苗とコンテナ苗を植栽し、作業功程を測定したところ、おおむねコンテナ苗は裸苗の半分の作業時間で植え付けることができる、という結果が得られました（図2）。近年は、裸苗を出荷時に強度に根切りするようになり、根量が少ない苗木をひとクワ植えに近い植え方で植え付ける傾向が見られ、裸苗とコ

ンテナ苗の植栽作業功程差は小さくなっています。

現場までの運搬技術

コンテナ苗は、いかようにも束ねることのできる裸苗と異なり、根鉢を崩さないように梱包・運搬するため成形性のある容器に入れる必要があります。また、苗木1本当たりの重量が同サイズの裸苗よりも重いので、人力で一度に持ち運べる量に制限があります。

①苗圃から現地土場への運搬

現在は苗圃から現地土場への搬出の際には、苗木をコンテナから抜出して段ボール箱に詰め、軽トラ等で運搬する方法が定着しています。海外ではコンテナのまま運搬する方法も見られますが、高さ方向に積み重ねるには専用のフレームが必要で、また使用後のコンテナ回収の手間もかかるため、国内ではこの方法はとられていません。

梱包の際には、地域によって一定数ごとに束ねたりラッピングしたりする流儀がありますが、極力ぎっしり隙間なく詰めた方が振動や衝撃で根鉢が崩れにくく、運搬効率も高くなります。

②現地土場から植え付け現場までの小運搬

現地土場から植え付け現場までの小運搬の方法が、現在いろいろと模索されています。裸苗であれば、半日分100本程度の苗木を苗木袋に入れて現地に行き、昼休みに午後分を補給して1日2回の苗木供給で済ませることなどができます。コンテナ苗は人力で一度に運搬できる量が限られている一方で高能率に植え付けることができるので、頻繁に苗木の補給をする必要が生じます。

150ccのスギ1年生コンテナ苗の出荷時の平均的な重量は120～150gほどで、100本で12～15kgになり、林地で一度に持ち歩ける量はこの程度が限界と考えられます。

そこで、補給時の移動を極力少なくするために、まとまった量の苗木を植え付け位置近くまで運搬しておくことが求められ、苗木運搬の機械化が重要となってきます。具体的な方法については、「一貫作業を行っている現場では伐出機械を利用することができます。伐採・造林一貫作業システムとコンテナ苗は相性が良い」の項に述べてあります（60頁参照）。

伐出機械を苗木運搬に使用することができない場合には、手押し式のクローラ型動力運搬車

写真９　動力運搬車

を使用することが広く行われています（写真9）。この方法は、動力運搬車は農家や林家に比較的広く普及している、歩道程度の作業路があれば運搬できる、軽トラ等に積載して苗木のついでに搬入できる、運転者が乗車していないので万一路肩から転落するなどの事故があっても人的被害がない、などの利点があります。

③植栽作業時の持ち運び容器・現地保管法

植え付け場所近くまで運搬したコンテナ苗を、さらに植え付け作業のために作業員が小分けして持ち運ぶ際には、農業用苗カゴ（写真10）など成形性のある容器に入れることが推奨されます。苗木袋や手提げ袋に入れて持

写真10　苗カゴによる小運搬

ち運ぶことも広く行われていますが、柔らかい容器は苗木の重量によって変形して、中の苗木の根鉢が変形したり培地が脱落したりすることがあります。

山元に到着した後は、鉢付き苗なので裸苗よりは放置されても乾燥被害を受ける可能性は少ないのですが、日陰に保管する、筵《むしろ》で覆う、などの養生は必要です。一定時間以上植栽しないで現地に保管するときには、裸苗は仮植する必要がありますが、コンテナ苗は仮植すると地中で発根してしまうのでそのまま置いておきます。日陰に置いて灌水さえすれば、条件にもよりますが1週間程度は現地保管することが可能です。

植栽後の直径成長と樹高成長

コンテナ苗は高密度に育苗するため、ことにスギに関しては出荷時に樹高の割に根元径が細く枝張りの少ない、形状比の大きな苗木ができる傾向にあります。こうした苗木は、植栽後しばらくは樹高成長よりも直径成長を優先させ、形状比を低下させてから樹高成長を活発化させる傾向が見られます。つまり、育苗中に直径成長よりも樹高成長を優先し、植栽後にはそれが逆転してバランスをとるような経緯をたどります。

コンテナ苗導入当時は、鉢付き苗なので根系の定着を待たずに成長開始できて初期成長に優れる、ひいては従来型の苗木よりも早く雑草木高を抜け出し、下刈り回数を低減できる、という期待がありましたが、樹高成長に関しては期待通りにならなかったというのが実情です。

このことに関する今後の育苗上の課題として、根元径の大きな苗木を育成するということが求められます。単独コンテナ、Mスターコンテナなど育苗途中で育苗密度を変えられるコンテナの使用により、直径成長に優れた育苗ができる可能性があります。その他、施肥方法、光条件等によっても形状をコントロールできる可能性が示唆されていますが、品種や環境によって苗木の反応は異なることが予測され、地域に即した育苗方法の模索が必要です。

これまでコンテナ育苗されてきた樹種はスギが主体だったので、育苗中および植栽後の樹高成長が大きな課題となっています。スギ以外の樹種についてはまだ植栽実績、調査事例が少ないのですが、クロマツ、カラマツなどではコンテナ苗の方が裸苗よりも初期の樹高成長量が大きい事例があります。

スギのコンテナ苗は前述の通り径が細く枝張りが少ないため、植栽直後には雑草木と識別しにくいという欠点があります。そのため、特に植栽初年度の下刈り時には誤伐率が高くなったり作業能率が低下したりする可能性があり、注意が必要です。

コンテナ苗の育苗・植栽は機械化できるか

育苗の機械化は海外では一般的

コンテナ育苗は高度に機械化することが可能です。北欧をはじめとする海外林業先進国では、植物工場的な育苗施設で、大量の林業用苗木が低コストに生産されています（写真11a、b）。

これらのコンテナ育苗施設では、培地の混合・充填、播種、覆土といった一連の初期作業が機械化されており、灌水、施肥なども自動化されています。さらに、播種時期によって成長量を最適化するように日長をコントロールする場合がありますが、それも機械化されています。虫害対策、出荷時の引き抜きなども自動機械によって行われており、人力作業は非常に少なく

写真11a　海外の苗圃（グリーンハウス）

写真11b　海外の苗圃（屋外施設）

なっています。

しかし例えば、野菜等の植物工場ではＬＥＤにより照射光の光量から波長まで最適化するなど完全に環境制御されているのに対して、林業用育苗施設では自然光利用が主体で、また発芽苗がある程度の大きさになったら路地育苗するなど、自然力を活用して、育苗コストを最小限にしています。

さらに、コンテナを積載するための専用フレームを製作し、フォークリフトその他の荷役機械で扱うことができるようにするなど、運搬のための技術も発達しています。その結果、苗木の販売価格は1本あたり20～30円程度となっており、国内の現行のコンテナ苗価格とはかなり開きがあります。

これら海外の育苗施設では年間数千万本規模での育苗が行われており、国全体での苗木需要が数千万本レベルの日本国内では、ここまでの大量生産、スケールメリットを追求することは困難です。また国内では個々の事業体のコンテナ育苗規模が数千～数万本程度と小さく、前述の発芽率の低さから海外技術の直接的な導入も難しく、何らかのブレイクスルーなしには現状からの大幅な低コスト化は難しいと考えられます。

国内のコンテナ育苗現場では手作業主体で育苗が行われていますが、比較的安価な農業用育苗用プラントなどにより機械化することは技術的に可能です。しかし、現状の林業用種苗業者のコンテナ育苗規模では、機械化した場合の初期投資の償却も難しい状況です。

現実的な期待としては、林業以外の緑化、園芸、果樹等の分野にもコンテナ育苗が浸透し、林業以外も含めたコンテナ育苗業界全体でのスケールが拡大して低コスト化が進展する、という展開が考えられます。

植栽の機械化～海外の歴史

これまで、国内外で数多くの自動植付機の開発が試みられてきました。海外では、第二次大戦後に裸苗の植付機が開発されたのを皮切りに多くの植付機が開発されました。この頃の植付機の多くは苗畑用移植期と同様の作動原理で、トラクタで牽引した植付機の溝切り板で空けた植え溝に裸苗を押込み、覆土板で覆土した後てん圧輪でてん圧するというものでした。

これらはベースマシンが農用トラクタであり、また苗木供給のために植付機に作業員が搭乗する必要があるため、傾斜不整地での使用は困難でしたが、半乾燥地用に帯水層に届くような

写真12　Silva Nova

深い溝を切って大きな苗を植え付ける機械や、階段造林を前提とした傾斜地用の植付機が製作されるなど、さまざまな試行がされました。

コンテナ育苗技術が確立された1980年代からは、コンテナ苗の自動植付機が数多く開発されました。コンテナ苗は形状・サイズが画一的であるため、植え付けの機械化にはより適しています。これらの多くの機種の作動原理は似通っており、基本的には車両の後方に取り付けた耕耘装置で耕耘したところにプランティングチューブ状の植え付け機構でコンテナ苗を植え付け、各種機構でてん圧するというものです（写真12）※8。

ベースマシンには大型のフォワーダを使用し、植え付け機構は車体に対して前後方向に可動なので走行しながら植え付けることができ、非常に高能率な植栽作業が可能となっています。苗木の供給は、荷台部分に作業員が搭乗して人力で行う機種と、自動化された機種がありました。

これらの自動植付機は、現地試験において非常に高能率に植え付けることが示されましたが[※5]、実用機として市販されたものはありません。ベースマシンごと購入する必要があったため極めて高価であったことと、植え付け位置をオペレータが選択することができず、条件の厳しいところでは植え付け成功率が低かったこと[※5]などが、普及に至らなかった要因と考えられます。これら以外の作動原理による自動植付機も開発されました[※8]が、こちらもまた実用には至っていません。

その後、エクスカベータやハーベスタのブーム先端に取り付けるタイプの自動植付機（写真13a、b）[※6]が開発され、現在北欧ではこれらの機種が普及に至っています。地表処理機構がスポット状に地表を耕耘し、プランティングチューブ状の植え付け機構がコンテナ苗を植え付け、ブーム操作またはてん圧機構によりてん圧するというものです。

このタイプはオペレータがブーム操作により植え付け位置を選択できるため植え付け不適地を回避でき、直接目視で植え付け状態を観察できるため植え付け成功率が高くなります。植え

写真13a　Bracke P11.a[※2]

写真13b　Eco-Planter

付けごとにブーム操作が必要となるので、前述のタイプの機種よりは大幅に作業能率は低くなり、また苗木の搭載数が少ないため頻繁に苗木を補給する必要がありますが、土工機械やハーベスタを所有していれば作業機のみを購入すればよいので、導入時の初期投資を抑えることができます。

植栽の機械化〜国内での展望

国内でも、主に林野庁の機械開発事業の中で何度か自動植付機の開発が試みられました。初期には裸苗の、後にはポット苗の自動植付機が試作され、いずれも車体構造や作業機の機構が斬新な意欲的なものでしたが、試作レベルにとどまって実用には至っていません。

国内におけるコンテナ育苗技術開発と並行して、森林総研でも自動植付機の開発に取り組んでいます。国産コンテナの市販と時を同じくして、コンテナ苗自動耕耘植付機を開発しました※12。これまでの研究により耕耘土壌には雑草木が再生しにくいことが判明していたため※11、植栽後の下刈り作業を軽減することを意図して、耕耘機構を付加することにしました。試作し

写真14　コンテナ苗自動耕耘植付機

たのが、０・28㎥クラスのエクスカベータをベースマシンとし、２連のオーガにより耕耘した跡地に油圧駆動のプランティングチューブでコンテナ苗を植え付け、回転せずに降下するオーガによりてん圧するという機構を持つ「コンテナ苗自動耕耘植付機」（写真14）※13です。

現地試験を行ったところ、平坦地では人力を上回る作業能率を上げることができますが、傾斜地に行くとブーム操作に手間取って作業能率が低下してしまうことがわかりました※14。地形にかかわらず高い作業能率を維持できるような改良を施す必要があります。

また、下刈りなどの保育作業も機械化する

とすれば、長期的な機械の進入を考慮して固定的な走行路を確保する必要があり、従来のような1・8m間隔正方植えではない、機械に合わせた植え付け仕様としなければなりません。今後さらに改良を重ね、高能率な自動植付機を開発していきたいと考えています。

コンテナ苗による低コスト造林の可能性

植栽コストは低減できるが、苗木コストがネック

現在、コンテナ苗は造林省力・低コスト化の有力な手段として注目されています。しかし、現状ではコンテナ苗木価格が裸苗よりも高いため、植栽の高能率化による植え付け労賃の軽減分を苗木コストが帳消しにしてしまっている状況です。

例えば苗木の価格が50円高くなると、3000本／ha植えで苗木代が15万円余分にかかるこ

とになりますが、これは1haの植え付け労賃とほぼ同じ額です。育苗技術の進展により、コンテナ苗価格が裸苗と同等以下に低減することが望まれます。

一貫作業システムとコンテナ苗は相性が良い

近年、再造林の低コスト化の方策として、伐採・造林一貫作業が注目されています。伐採作業の直後に、あるいは同時並行的に造林作業を行い、植え付け前の刈り払いや初年度の下刈りを省略・軽減するとともに、伐出機械を造林に利用して省力化・低コスト化を図ろうというものです。

伐採・造林一貫作業においては、伐出のスケジュールに造林が合わせる必要があるため、一般に植え付け適期でない時期にも植え付けを行うことになります。そこで、植栽可能期間が長いとされるコンテナ苗が、一貫作業には必須であると考えられるようになりました。またコンテナ苗は、裸苗と比較して仮植等なしで現地に保管できる期間が長く、伐出作業のスケジュール変動にも対応することができます。

一方で、コンテナ苗は鉢付き苗であるため1本当たりの重量が大きく、また根鉢が一定の容積を持つため、裸苗よりも梱包や運搬には手間がかかります。前述の通り、現在は苗圃からの出荷に際しては、コンテナから引き抜いて段ボール箱に梱包し、軽トラ等で現地まで運搬することが一般的となっており、山元に着いた段ボールの植え付け場所までの小運搬が大きな手間となっています。

一貫作業の大きな利点の一つとして、伐出機械が移動する前に造林を行うため伐出機械を造林作業に活用できるということが挙げられており、植え付け現場近辺まで作業道が通じていれば、フォワーダを苗木運搬に使用することができます。フォワーダであれば重量的にはコンテナ苗を数千本程度積むのは十分可能なので、作業道が高密度に作設されていれば、一度の周回で要所要所に1日分程度の苗木を運搬することができます。

架線集材現場では、架線で苗木を運搬することも行われるようになってきました。植え付けが伐出よりも後になって伐出機械を流用できない場合などには、前述の通りクローラ型運搬車などを苗木小運搬に使用することで、苗木運搬を省力化することができます。

コンテナ苗の今後

コンテナ育苗技術が国内に導入された当初、育苗期間が短縮される、育苗が省力化される、育苗が低コスト化される、いつでも植え付けられる、植え付け作業能率が向上する、活着率が高い、初期成長が早い、といった期待がありました。

このうち、育苗低コスト化、早い初期成長については現時点では実現できておらず、低コスト再造林につながっていません。造林作業については、地拵え、植え付け、下刈りなど個々の作業を効率化するとともに、各作業間の連携でより省力化できることがわかっています。伐出作業と造林作業が連携する一貫作業システムもその一つであり、地拵えの工夫によって植え付け・下刈りを省力化するという作業システムも考えられています。

現在、森林総研を中心として、研究レベルでスギ・ヒノキの種子発芽率向上技術開発、コンテナ苗植栽器具の労働科学的評価、全国のコンテナ苗植栽試験地の成績集計などが行われています。これらの成果がコンテナ育苗、植栽技術に還元されて育苗・造林の省力・低コスト化に至ることが期待されます。

引用文献（文中の※の数字は以下の番号と対応）

1. Ｂｃｃ社ホームページ

2. Ｂｒａｃｋｅ社ホームページ

3. Ｅｃｏ Ｅｎｖｉｒｏｎｍｅｎｔａｌ社ホームページ

4. 黒丸亮ほか（２０１４）エゾマツ種子の簡易選別と発芽率の向上、北海道の林木育種、56(2)、５－８

5. Landstrom M. (1992) The Silva Nova tree planter in Canada 1991, Results Forskningsstiftelsen Skogsarbeten, 6pp

6. Rummukainen A. Kautto K., Tervo L. (2003) Estimating the theoretical development potential of a boom-tip forest planting machine, Baltic Forestry 9(1), 81-86

7. 佐々木達也ほか（２０１４）一貫作業システムとは?、低コスト再造林の実用化に向けた研究成果集、６－７

8. Stjernberg E. I. (1985) Tree planting machines -A review of the intermittent - furrow and spot planting types-. FERIC special report, 118pp

9. Stjernberg E.I. (1988) "A study of manual tree planting operations in central and eastern Canada." FERIC Technical Report-79

10. Stjernberg E.I. (1991) "Planter productivity in prepared and unprepared ground : a case study." FERIC Technical Note-162

11．山田健・遠藤利明・佐々木達也（2004）機械地拵が苗木の活着に及ぼす影響、森林利用学会誌19(3)、197-203
12．山田健（2010）コンテナ苗と機械植付け、機械化林業681、7-12
13．山田健・遠藤利明（2011）特許第4793716号「自動耕耘植付機」
14．山田健・落合幸仁・岡勝（2013）コンテナ苗自動耕耘植付機の地形傾斜別作業功程、第19回森林利用学会研究発表会要旨集、30
15．山田健ほか（2014）エゾマツ裸根幼苗のコンテナへの移植作業功程、北海道の林木育種、56(2)、13-14
16．山川博美・重永英年（2013）コンテナ苗はいつでも植栽可能か?、低コスト再造林の実用化に向けた研究成果集、18-19

事例編 1

コンテナ苗の特性を関係者全員で共有し、新たな造林システムを！

宮城県伐採跡地再造林プロジェクトチーム

コンテナ苗の特性を関係者全員で共有し、新たな造林システムを！

宮城県伐採跡地再造林プロジェクトチーム

宮城県におけるコンテナ苗の普及状況と地域特性

県内におけるコンテナ苗の普及状況

宮城県におけるコンテナ苗の生産は、林野庁の積極的な働きかけもあって、苗木生産者団体で組織される宮城県農林種苗農業協同組合により、全国に先駆けて平成20年度に試験栽培に着手し、本格的な生産が始まりました。

コンテナ苗の生産手法は、従来の苗（裸苗）づくりと全く異なる技術であるため、先進地の

図１　コンテナ苗生産量の推移（宮城県）

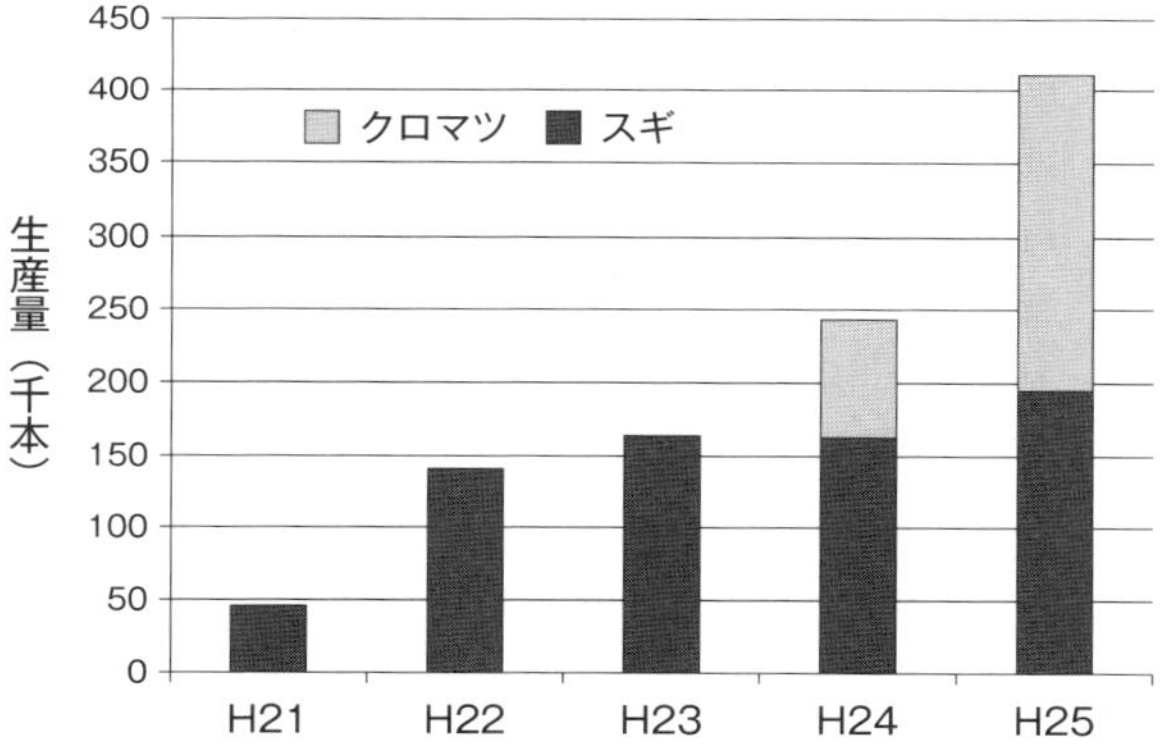

注１：数値は秋季苗畑実態調査、H21年は聞き取りを含む
注２：根鉢容量150ccと300ccの合計値

情報等を取り入れて技術の早期確立を目指しました。しかし、いざ生産してみると、良質な苗木生産に向けて生産工程や苗木の安定的な品質保持に苦慮し、試行錯誤を繰り返してきました。その後、組合内で研鑽を重ね生産技術の向上に努めた結果、品質の向上、安定化と生産量の拡大が図られ、スギコンテナ苗の生産量は平成21年の４万６０００本から平成25年の19万５０００本と飛躍的に増加しました（図１）。

平成24年からは東日本大震災により被災した海岸防災林の復旧用苗木としてクロマツコンテナ苗の生産を開始しており、平成25年にはスギコンテナ苗を上回る21万６０００本が生産され、今後、コンテナ苗の大幅な需要増

図2　コンテナ苗出荷量の推移（宮城県）

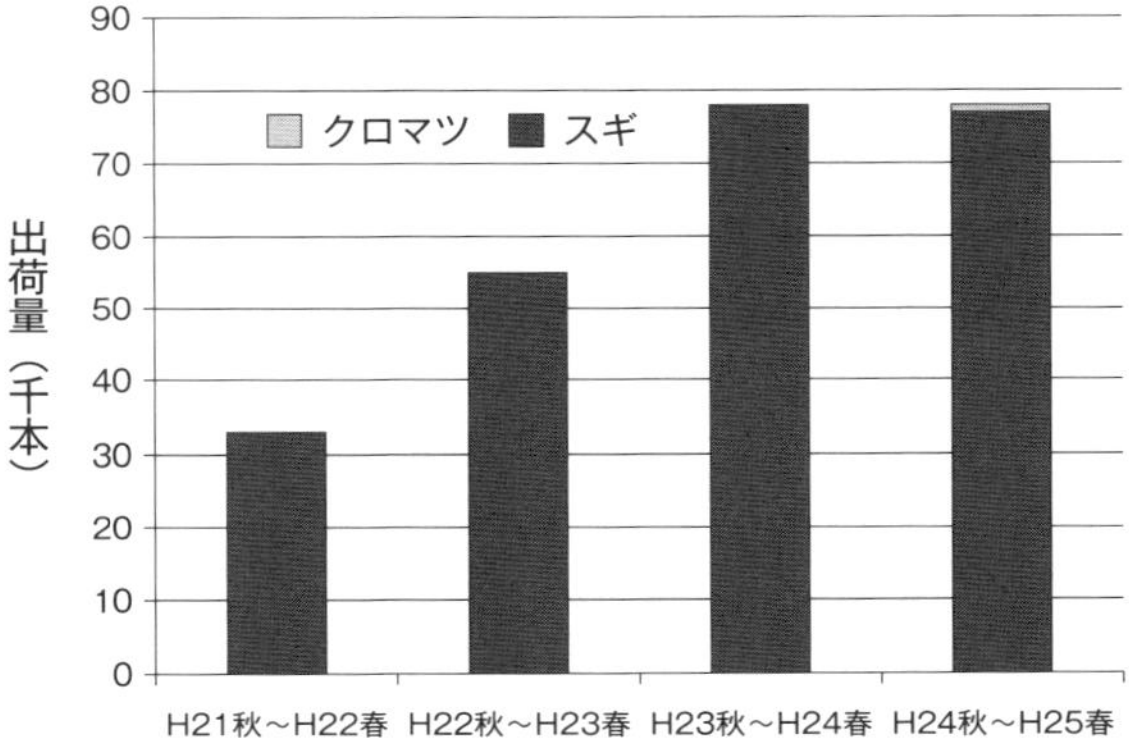

が見込まれることから、国庫補助事業の活用により、生産施設や資材等を整備し、さらに増産を進めていくこととしています。

公共事業を主体にコンテナ苗の造林が進む

宮城県におけるコンテナ苗の出荷量は、スギ苗については年々増加してきましたが、震災の影響等により、平成23年秋以降は横ばいとなりました（図2）。

県産コンテナ苗による造林は、県内外の国有林、森林農地整備センター、県有林など公共事業が主体であり、県有林以外の民有林での利用はあまり進んでいません。今後は、市町村有林や一般森林所有者に対する活用促進が課題であり、市町村担当者や一般森林所有者がコンテナ苗の特性などについて、わかりやすい普及資料等の作成が必要となっています。

なお、クロマツコンテナ苗については、平成26年春から、海岸防災林の本格的な植栽が始まったため、今後は利用量の大幅な増加が見込まれています。

伐採跡地再造林プロジェクトチームの概要

「造林未済地解消プロジェクトチーム」が前身

宮城県では、現在活動している「伐採跡地再造林プロジェクトチーム」（以下、「再造林ＰＴ」）の前身として、造林未済地の解消を図るため、平成21年度に「造林未済地解消プロジェクトチーム（以下「造林未済地ＰＴ」）」を設置しました。造林未済地ＰＴでは、造林未済地の現状分析及び他県の取り組み事例等に関する情報収集や造林未済地解消に向けた取り組み手法の検討、低コスト造林技術の普及啓発等を行い、一定の成果を得ました。

しかし、造林未済地ＰＴは２カ年度の活動内容を取りまとめた報告書の作成で活動を終了し、造林未済地の解消に向けた普及活動を展開できなかったため、平成23年度以降は内容を絞り込み、具体的な成果が得られる取り組みとして活動を継続することとしていました。ところが、平成23年の東日本大震災の発生により、震災復興業務が優先され、残念ながら活動を休止せざるを得ない状況となりました。

また、造林未済地ＰＴの活動目標としていた「新・造林未済地の解消のための行動計画」が平成23年3月で計画期間が終了してしまいましたが、「みやぎ森林・林業の将来ビジョン」の中間進行管理における再造林実施率は、ほぼ目標を達成しました。

なお、コンテナ苗の試験的導入については造林未済地ＰＴにより、蓄積されたデータ等を再造林ＰＴに引き継ぐこととしました。

再造林ＰＴの目的

林業採算性の悪化から、人工林伐採跡地の計画的な再造林が滞る状況は、将来的に森林資源の循環利用や公益的機能の維持が危惧されることから、木材生産適地における効率的な伐採跡地の再造林推進を図る必要があります。

そこで、造林未済地ＰＴで設置した試行地及び蓄積データ等を活用し、経費の削減を可能とする造林技術を検証するため、引き続きコンテナ苗の特性解明に取り組むほか、経費の現状分析や新たな造林技術を用いた一般材生産投資経費の予測、コンテナ苗の活用促進を中心とした新たな造林技術普及資料の作成等に目的をシフトして、活動を行っています。

コンテナ苗と従来の普通苗（裸苗）の比較

個体差の少ない優良苗の安定生産が可能

コンテナ苗の普及を検討するために、従来から使われてきた普通苗（裸苗）とコンテナ苗の特徴について比較することとしました。

普通苗は苗畑で生育した苗を根が裸の状態で掘り取って出荷するものであり、しっかりとした根張りを持ち、豊富な細根が四方に均等に広がり、地上部（幹・枝・葉）に対して地下部（根）のよく発達したものが優良苗とされています。

一方、コンテナ苗はマルチキャビティコンテナで育苗するため、育成孔（キャビティ）に充填した培地の中で、根が育成孔の形状に応じて伸長し、培地の成分を中に含んだ充実した根鉢として形成されます。

コンテナ苗と普通苗では、育苗の過程における作業とその条件が大きく異なっています。また、どちらの苗木も土壌・水分・肥料などの諸条件が異なれば苗高等に差が見られ、一定しません。一般に普通苗では、苗畑での床替え密度が高ければ上長生長が大きく、低ければ肥大生長が大きいといわれています。しかし、コンテナ苗は所定の容量（150ccまたは300cc）の培地を生育基盤として限られた空間で生長することから、生産された苗木は若干の個体差はあるものの、普通苗と比較して生長差の少ない優良苗を安定して生産することができます。

なお、コンテナ上の苗木は、中心間で6～7㎝しか離れていません。このように、育苗環境が密な状態であるため、地上部と地下部のバランスについては、普通苗に比べて徒長気味に見え、枝張りや根元径は小さくなる傾向があります。

根鉢があることで、不適地にも適応しやすい

コンテナ苗は、次項で述べるとおり裸苗に比べて活着率に優れています。しかし、植栽後の生長を考慮して植栽適地を判断する目安がありません。そこで、植栽適地の条件を左右する地形条件（局所地形・斜面方位・林地傾斜・標高等）を考慮した上で、平成25年度に再造林PT活動により、判断材料となる土壌条件と地下部（根系）の生長を見るため、「土壌断面調査」と「根

写真 1　マルチキャビティコンテナ

写真 2　マルチキャビティコンテナによる苗の生育状況

写真３　根鉢を備えたコンテナ苗

写真４　従来の普通苗（裸苗）

系調査」を実施しました。

２年生のコンテナ苗について、初期生長、根系生長及び地形条件から検証した結果、３年生の普通苗と同等以上の結果を得ました。

根の広がりは、斜面方向が南向き（ＳからＳＥ）で旺盛であり、裸苗に比べて斜方に伸長する細根の数が多く、裸苗でよく見られる根系の丸まりなどの異常も見られませんでした。樹高生長では北向き（ＮＥ）方向で小さく、斜面の傾斜面が急になると根元径が小さくなる傾向が見られました。

これらの調査からコンテナ苗は、

根鉢がついている分、普通苗に比べて不適地への適応性が高いことがわかりました。コンテナ苗は、その培地が乾燥を防ぎ培地に含まれる栄養分が強みになっています。

以上のとおり、コンテナ苗は山出し期間を短縮したとしても普通苗と生長的な差異はなく、条件によってはコンテナ苗の生長の方がよい結果を得ています。

表土が凍結していない限り植栽が可能

普通苗の植栽時期は一般に春・秋・3月です。普通苗は、根が裸状に露出しているため、乾燥対策が不可欠で、苗木の搬出移動から植栽までの間に根が直射日光や風に当たらないように筵《むしろ》で保護するなどの注意を払う必要があります。

一方、コンテナ苗においても山行き時はラップフィルムでラッピングするなど、ある程度の乾燥防止対策は必要です。コンテナ苗は培地が付いているため植栽地の土壌が凍結していない限り植栽が可能であり、高い活着率を示します。

しかし、普通苗に比べ嵩張ること、植栽後の良好な生長を確保するため培地が崩れないようにする必要があることから、一度に多くの量を運ぶことが難しいことが短所として挙げられます。運搬作業に当たっても、従来の苗木袋では出し入れの際に根鉢を傷める可能性があることや、重量があり作業者に負担が掛かることから、根鉢を傷めないで効率的に運べるコンテナ苗専用運搬器具（籠・背負子等）を使用する必要があります。

専用の植栽器具を使用することで植栽効率が上がる

苗木の植付けについては、普通苗の場合は植え付け箇所の植生・地被物の除去や覆土の埋め戻しなども考慮し、大きな植え穴を掘る必要がありますが、コンテナ苗の場合は根鉢を差し込むことができる小さい植え穴で済むことから、植栽効率を高めることができます。このほか、通常植え付けの支障となる伐出後の地拵えも最低限の除去で済ますことができ、省力化が可能です。

普通苗を植栽する場合は唐《とう》グワを用いますが、コンテナ苗の場合は、専用の植栽器具がいくつか

写真5　宮城県苗組式植栽器具

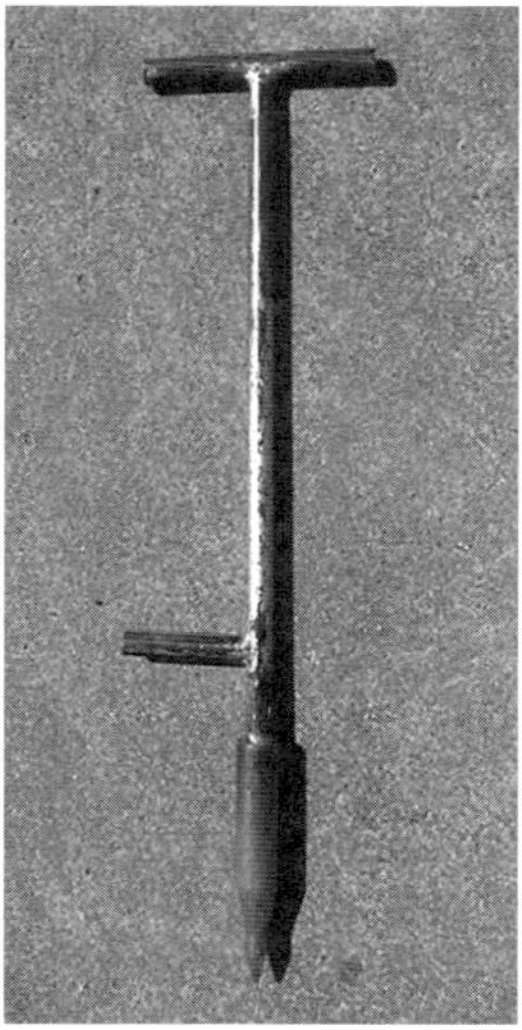

宮城県農林種苗農業協同組合が製作した宮城県苗組式植栽器具

写真6

従来の唐グワ（左）、コンテナ苗専用植栽器具（右）

開発されています。これはコンテナ苗の植栽効率を向上させ、植え付け時に密着性を確保して効率的な成長を促すため、根鉢の大きさに合わせた穴を効率的に掘るためです。宮城県では宮城県農林種苗農業協同組合が製作した宮城県苗組式植栽器具（写真5）が使用されています。

専用植栽器具を用いた作業では、唐グワでの作業と異なり、周囲の植生・地被物の除去や根鉢装填後の埋め戻し等の作業工程が省かれることや、作業や動作において、あまり腰を曲げた姿勢を取る必要がないため労働負担を軽減できることから、作業効率を上げることができます。ただし、急斜面など地形条件によっては、必ずしも作業効率に著しい差は

写真７　コンテナ苗専用植栽器具の先端部

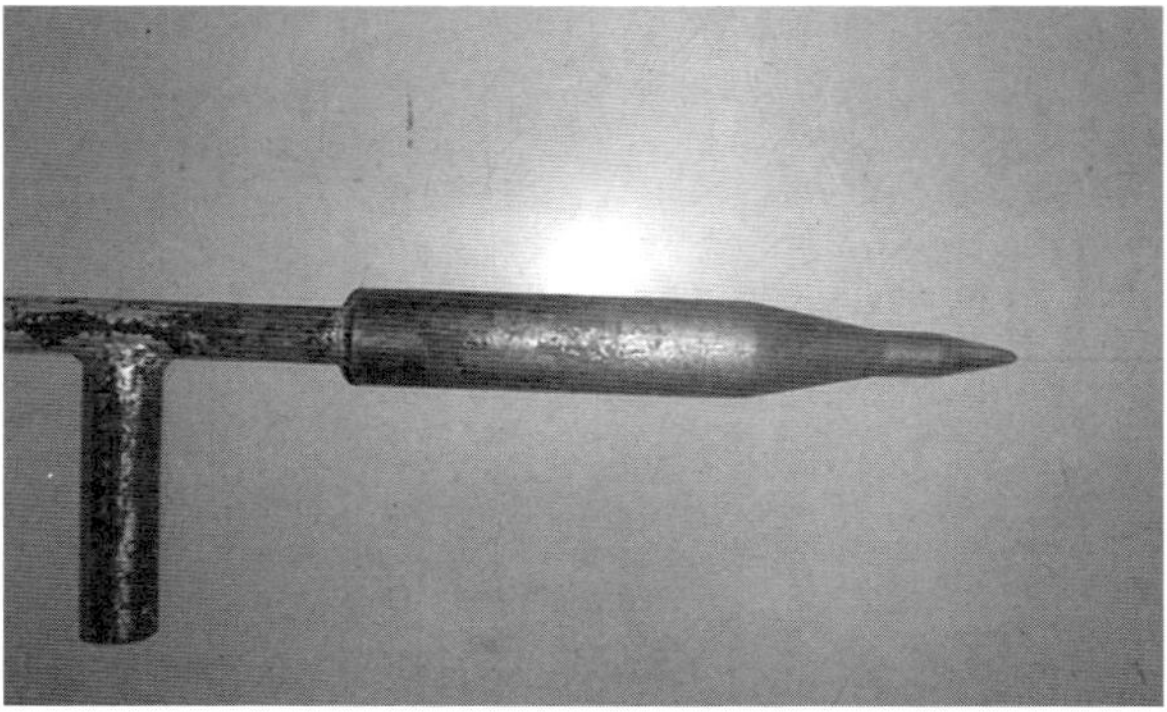

ないことから、現地の地形等を考慮した作業器具の選択や、使いやすい植栽器具の開発・改良が必要です。

普通苗と同様、丁寧に植える

コンテナ苗の植え付け深さについては、伐採跡地ＰＴ、再造林ＰＴの調査結果から５cm程度の深植えとし、苗の周りを軽く踏み固め、根系の乾燥を防ぐ必要があるとの結果を得ました。これは、根鉢を形成する培地が多孔質で空気に接していると乾燥しやすいためです。ただし、コンテナ苗では地際付近における根系の発達が見られることから、強い踏み固めは避けるよう注意する必要があります。また、専用植栽器具の形状から、根鉢先端部に空洞が形成され、活着不良を起こすのではないかとの疑問が持たれていましたが、前述した根系調査の結果、活着不良等の異常は見られませんでした。
いずれ、コンテナ苗を使用した場合であっても、過剰な効率を求めた作業は避け、普通苗と同様、丁寧に植栽することが大切です。

まとめ－コンテナ苗と普通苗（裸苗）の比較

①植栽時期は、表土の凍結時期以外は、考慮の必要が少ない。
②根鉢を崩すことなく植栽することで良好な活着率を示す。
③植栽専用器具を使用することにより植え付け作業が軽減化できる。
④山行き苗としての育苗期間が短くても活着率等に良い結果が得られる。
⑤熟練した植栽技術を要しない。
など

表１　コンテナ苗と普通苗の比較表

		コンテナ苗	普通苗
規格等	樹種（例）	スギ、ヒノキ、クロマツなど	
	規　格	コンテナ容積：150cc 300cc 苗高：30cm〜、35cm〜	苗高：35cm〜
	優　良 苗　木	幹：生長のよいもの 根：根鉢がしっかりしているもの	幹：通直で徒長せず、下枝が四方に均等に展開するもの 葉：剛直で弾力性に富むもの 根：主根が短く、細根が発達したもの
生育	適　地	普通苗よりも多少乾燥に耐え適地は広いが、急傾斜地・北斜面では生育が落ちる	褐色森林土等、養分に富み乾燥しない場所が適する
	時　期	通年（土壌凍結により倒伏が起きる期間は不可）	春、秋、３月
	生長率	315%／年（150ccコンテナの例）	422%／年（３年生苗の例）
造林技術	現地搬入	段ボール箱、籠など	筵(むしろ)による梱包
	植栽速度	普通苗より２〜４割短縮が可能	—
	苗木単価	約200円	約150円
	重　量 容　積	根鉢の培地重量の分重い 嵩張るため１回当たり運搬量は少	まとめて運搬できるため運搬回数は少
	植え方	容易（専用植栽器具を用いた場合）	熟練による技術習得が必要

コンテナ苗造林の発注時の留意点

厳寒期や高温期の造林となる発注は避ける

コンテナ苗は、普通苗（裸苗）と比較して根鉢が形成されているため、活着率が良好との結果を得ており、普通苗に比べ造林時期（通常は、春植え・秋植え・3月植え）による影響を受けにくい苗とされています。

しかし、万能苗ではないことに注意することが必要であり、極力、厳寒期や高温期での造林となる発注は避け、原則、普通苗に準じた造林適期に近い時期で植え付けを行うことにより、良好な結果が得られます。

また、コンテナ苗利用の大きなメリットとされる地拵えの簡略化によるコスト低減を図るためには、伐採から造林までの作業を連続して一貫的に行うことで効果的な植栽ができることから、従来の造林事業の発注のように断続的な事業ではなく、伐採時点から造林の発注準備を行うことができるなどコスト低減と作業の短縮を図ることができます。

発注仕様書に苗の仕様を記載する

コンテナ苗を使用する場合は、仕様書に詳細を明確に記載する必要があります。宮城県農林種苗農業協同組合が生産している林業用苗（山行苗）の種類は種々あり、スギ苗の例では栽培手法により「普通苗」と「コンテナ苗」に、また、普通苗は「実生苗」と「挿し木苗」に大別されるとともに、苗齢・苗高・根元径により、細かく分類されています。

仕様書にはどちらともとれるような記載はせず、①樹種名、②種別（実生普通苗・挿し木普通苗・コンテナ苗150cc・コンテナ苗300cc）、③苗の特性（普通・低花粉・抵抗性）、④単位面積当たりの植栽本数、⑤その他定める事項（産地指定など）について記載する必要があります。特に⑤については、現地の気象条件等との適性などに配慮し、可能な限り県内産の林業用苗木を使用するようお願いしています。

また、コンテナ苗は普通苗に比べて単価が高いことから、一部普通苗との併用や、コンテナ苗の植栽密度による調整、専用植栽器具の使用など、事業費の低減に配慮した仕様の記載による効果的な造林事業の設計を行うようお奨めしています。

なお、コンテナ苗に限らず、県内産苗木の生産計画に応じて計画的な造林事業のスケジュールを早くから立て、造林不適期における植栽を避けることが大切です。

現地（造林予定箇所）における植栽設計の例

宮城県と宮城県農林種苗農業協同組合が協働で取り組んだ11カ所の「低コスト造林技術実証試験地」では、種苗別にコンテナ苗・普通苗を従来の植栽密度（3000本／ha）より低密度（1000～2500本／ha）で植栽した場合のコスト削減効果を検証するため、局所地形・斜面方位・林地傾斜・標高等を考慮して、植栽設計を行っていますが、この概念によるコンテナ苗植栽の設計例を以下に示します。

試験地の状況（仕様）

○使用した苗

宮城県農林種苗農業協同組合の生産した苗。

○植栽方法

正方形苗間により普通苗と比較して粗植とし、2500本／ha植えは苗間2・0m、1500本／ha植えは苗間2・6m、1000本／ha植えは苗間3・2mとし、流下方向（山腹上昇斜面から山腹下降斜面方向）に沿って列状に植栽。

設定試験地一覧

番号	管内名	市町名	地区名	設置年度	面積（ha）	備　考
1	大河原	蔵王町	円　田	H20	0.10	
2	大河原	柴田町	本船迫成田	H20	0.10	
3	大河原	七ヶ宿町	横　川	H21	0.10	
4	大河原	蔵王町	八　山	H23	0.53	
5	大河原	柴田町	富　沢	H24	0.19	
6	大河原	角田市	峠	H25	0.27	
7	北　部	加美町	藁　野	H22	0.34	
8	北部栗原	栗原市	川口沢山	H21	0.08	
9	北部栗原	栗原市	花　山	H22	0.04	県独自設定
10	東　部	東松島市	大塩国見	H22	0.28	
11	東部登米	登米市	横山殿田	H22	0.28	
12	東部登米	登米市	横山細谷	H22	0.28	
計					2.59	

○植栽箇所
　コンテナ苗は重量があり、急斜面での植栽は作業者への負担が大きいため、平坦地、窪地を優先し、一部比較のため山腹斜面中部まで植栽。
○植栽地の土壌
　県南部の奥羽山系においては褐色森林土、県北部の奥羽山系においては、凝灰岩基岩の黒ボク土、北上山系においては頁岩基岩の褐色森林土（赤褐系）。
○植栽器具
　宮城式コンテナ苗専用植栽器具を使用。

造林事業体・作業者に取り扱い方を周知する

造林事業において、苗木の規格・産地の選定については、森林所有者の意向や発注仕様書で記載されている場合を除き、造林事業者の判断による場合が多くみられます。したがって、コンテナ苗の利用拡大を図るためには、生産された優良コンテナ苗のメリットが最大限引き出されるよう、講習会の実施や現地研修などにより、造林事業体が十分にコンテナ苗の使い方や特性を理解し、作業者等へ指示することが大切です。

コンテナ苗は普通苗（裸苗）のような筵巻き等による出荷と違い、山行き苗の場合、段ボール箱等に100本詰め等の状態で出荷され、乾燥防止・根鉢崩れ防止等のため、一定の本数単位でラッピングされています。

現地に移送した後は、植栽地まで小運搬を行う必要があります。しかし、本数に比較して根鉢があるため嵩張ること、普通苗に比べて1本当たりの重量が大きいこと、積み重ねた場合に普通苗に比べて組織が軟らかく先端の成長部（分裂組織）を折損したり根鉢を崩してしまう恐れがあることから、一度に大量に運ぶことは課題の一つとして挙げられます。

また、乾燥により傷んだり形状が崩れた根鉢の苗を植栽した場合、コンテナ苗の活着や生長に直接影響するため、造林事業者においては、いかに根鉢を傷めず、かつ、乾燥させることとなく造林を実行できるかが良好な植栽結果を得るためのキーポイントとなります。

これらコンテナ苗を取り扱う上で注意すべき事項は、造林事業者だけでなく、造林を行う作業者まで含めて事前教育を実施し、特性を理解した上で造林作業に望むことが重要です。

根鉢を深めに植え込み、覆土して乾燥を防ぐ

植栽効率を確保することも大切ですが、植栽した苗木の良好な活着と順調な生育を確保するため、できるだけ丁寧な植栽を心がけることが先人から受け継がれてきました。

普通苗の植栽手順は、植生と地被物を除いた表土に十分な深さの植え穴を掘り、苗木の根を四方に広げ入れ、覆土した後、苗木の周りを十分に踏みつけ、乾燥を防ぐため地被物をかけ戻すやり方が一般的です。また、植栽前の苗長と植栽後の樹高との差を苗の植え付け深さとした場合、作業者が約５㎝以上深植えする傾向がみられます。深植えは一般に造林作業でよく見られますが、この程度の深植えによる障害は報告されていません。

普通苗では一般的な深植えですが、コンテナ苗を指示なしで植えた場合、根鉢表面で測った植え付け深さは平均で約１㎝と小さくなる傾向が見られます。この原因は、ポット苗とコンテナ苗の形状が似ているため、緑化樹などのポット苗の植栽に携わっている作業者が、慣習とな

写真８　コンテナ苗専用植栽器具による植栽作業

っている根鉢上面と地表面とをフラットにする植え方を行っていることによるものと推察されます。根鉢の培養土には根腐れ防止のため水はけの良い用土を用いていることもあり乾燥し易く、枯損の原因ともなり得ることから、普通苗と同様、根鉢上部を意識して約５cm程度深植えするようにし、さらに乾燥防止のために表面を覆土することが推奨されます。

また、宮城県に来県されたオーストリアのコンテナ苗植栽指導者・ラムスコグラー氏からは、地面付近に発生する側根の発生を促すため、苗の周囲の踏み固めは普通苗のように強くせず軽く押さえるか、全く踏み固めずに覆土にとどめるべきとの指摘もあり、今後、事例を集めながら最良の植栽手法を確立していく必要があります。

コンテナ苗の植え付けを宮城式コンテナ苗専用植栽器具によって行う場合、「根鉢は深めに植え込む」という概念を作業者に浸透させる必要があると考えます。これは、器具の先端の形状が円錐形であるため、器具を深く差し込んだ状態で植え付けた際には、根鉢を植え穴に入れ地表面を合わせただけでは、土壌と接触するのは側面のみであり根鉢下部に空隙が残る恐れがあるためです。長年培われた普通苗やポット苗の植栽手法に慣れている造林作業者はなおさらです。

なお、再造林PTで実施した根系調査において、植栽2年後苗における根系の伸長は、器具形状から生じる若干の下部空隙については、これを貫通して直根が森林土壌に到達することが確認されているため、過剰な深植えは必要ないと考えられます。

坪刈り・筋刈りは省力化に繋がるか？

伐採跡地PT及び再造林PTで設定した試験地は、設定後5年のため、調査対象の作業種は下刈りのみとなっています。

宮城県では、造林後に繁茂する雑草・灌木類としては、平坦地ではススキ、山腹斜面ではワラビ、ササ類などが主体であり、1年放置しただけで草丈が2mに達する箇所も見られます。

また、クズ等のつる類による植被や落葉広葉樹類の進入もあることから、植栽木は被圧され、下刈り時の判別が難しくなりがちです。また、コンテナ苗の下刈り作業は、生長を確保するために、雑草や灌木とともにつる類の影響を受けない程度の高さになるまで行う必要があることは、普通苗と同様です。

一般的に事業体で行われている下刈りは、機械刈りによる全刈りです。省力的な刈り払い方法として、植栽木の周りだけを円状に刈り払う坪刈りや、植栽木の両側を植栽列に沿って刈り払っていく筋刈りがありますが、坪刈りでは植栽木が視認しにくいため誤伐が発生しやすく、また、筋刈りでは作業者が傾斜に沿って移動する必要があり、等高線に沿った水平移動が妨げられるため、いずれの方法においても全刈りに比べて作業効率は低下すると考えています。

経費の軽減に向けた取り組みとして、坪刈り、筋刈り等の試行を実施しましたが、苗種を問わず現地の植生の状況により作業効率が大きく影響を受ける結果となりました。参考として、植栽当年に行った下刈り（2回刈り）作業の1ha当たり作業時間の例を示します。

現場条件によっては、坪刈り、筋刈り等の面積省力型の下刈り方式では、初回下刈りでは全刈りに比べてわずかに効率が上回る例もありました。しかし、現地の傾斜条件や植生の繁茂の著しい箇所においては、誤伐回避のための植栽木確認に時間が取られ、作業性や作業効率が低

表2　実証試験地における下刈り種別所用時間

単位：時間

下刈種別・回数	全刈り	筋刈り	坪刈り
1回目	15	20	14
2回目	18	22	22

下する傾向が見られました。また、作業の安全面から見ても、坪刈り、筋刈りの場合、作業地周囲の灌木や下草が作業者自身に被さってきたり、下方向けの刈り払い作業の発生により転倒危険が増すなど、総合的な作業効率から考えれば、面積省力型の下刈りの導入が低コスト化につながる手法として優位であるとの結論までは得られませんでした。

下刈りの省力化については、仮定や試行だけでなく、さまざまな現地の状況に応じて計測したデータを集約し、現地の状況に応じた費用対効果の高い下刈りの頻度やタイミングを検証していく必要があり、現時点では事業体に一般的に受け入れられる手法を判断できるまでには至っていません。

設計時のコンテナ苗適地判断が低コスト造林のポイント

コンテナ苗を使用する最大のメリットは、植栽時期を幅広く確保できることと活着率の良さ、初期生長の良好性にあります。コンテナ苗は万能苗ではありませんから、効果を最大限に発揮するためには、造林の基本的概念である適地適木の概念を念頭に置く必要があります。従来から普及されてきた造林適地の考え方や基本的技術を踏襲し、特性を十分に把握した上で造林することが必要なことを関係者が熟知しなければ、普通苗からコンテナ苗への転換は容易ではありません。

発注者においては、公共事業等におけるコンテナ苗の積極的な導入と仕様書への明確な記載に努めなければなりません。発注前には現地調査を行い、平坦地と傾斜地など地形的な区分、寒風害を受けやすい風衝地の把握によるコンテナ苗を導入するべき植栽適地（南方向き緩傾斜地～中傾斜地など）と従来の普通苗によるべき箇所の工区分けなど適切な事業設計に配慮する必要があります。設計における適地判断が低コスト造林の成功を担う重要な要素になるものと考えます。

コンテナ苗の特性、普通苗との違いを関係者全員で共有する

コンテナ苗植栽の過去の事例においては、生産開始当初は苗木生産技術が未熟であったこともあり、根鉢の形成が良好でない苗が含まれていた例や、取り扱いの周知不足により根鉢の乾燥した苗を植栽した例もありました。良好な成績を得ていない試験地の情報からコンテナ苗に良いイメージを持っていない造林事業体の方々や森林所有者が未だ多い状況です。このことか

ら、近年のコンテナ苗生産技術の向上に伴う苗木品質の向上の実態と併せ、コンテナ苗植栽のメリットを広く普及し、今までのイメージを払拭することが重要であると考えます。

一方、受注者となる造林事業体においても、組織内部や作業者における生産開始当初の未熟な技術により生産されたコンテナ苗への先入観を払拭することも必要です。改めて現時点における生産技術や苗木品質の把握、植え付けコストの低減や補植の発生頻度の少なさなど事業体側のメリットを再認識してみましょう。よりコストパフォーマンスの大きい手法として導入を前向きに進め、併せて作業者への周知・研修を図っていくことが重要となります。

また、従来の普通苗による植栽工程との作業面での違い、すなわち、

①根鉢を壊さないように取り扱うことが重要なこと、
②専用植栽器具の使用が基本であること、
③植栽木の根の変形を防ぐために過度に圧迫を与えてはならないこと、
④根鉢の乾燥による根系の衰弱を防ぐ手段が必要であること、

などについて改めて認識することが重要です。

従来と異なる手法による植栽という認識を全員が共有しなければ効率的な植栽効果を得ることが難しくなります。併せて、苗木生産者側においても、過去の未熟な技術による生産苗への

酷評を真摯に捉えることが必要です。品質不良等の再発防止に向けた生産技術の更なる向上と定着を図り、確実な良質苗の生産・供給に努めることが重要なポイントとなります。

コンテナ苗の取り扱い技術をさらに高めていく

コンテナ苗の造林・保育は、近年登場した新しい生産技術ですが、宮城県における導入は苗木生産者側が主体となって先導的に進められてきた経緯があり、関係者への情報発信や意思の統一は十分ではなかったものと感じられることから、今後は、発注者・造林事業者・種苗生産者、行政関係者等が一体となって意見を交換しながら知見を集積し、技術を確実なものにしていくことが必要です。

さらに、コンテナ苗を使用することによるコスト低減は、林業経費全体の中では一部の作業の低コストに過ぎないことを認識することが必要です。コンテナ苗の単なる使用にとどまらず、収穫時点から造林、保育までを一連の作業と捉えた中～長期的なコンテナ苗の造林・保育技術を検証していくことが大切です。国や県などの機関造林で率先してコンテナ苗を導入して実績を形成することが必要であるとともに、公有林などを活用して伐採時点から植栽を意識した地拵えを行い、植栽後の保育作業までを検証する低コストモデル林を設定し、コスト低減を検証しながら技術を定着させていく必要があります。併せて、事業体側においても、検証結果を参考にコンテナ苗についての知見を深めることが求められます。事業体自身に及ぼすメリット・デメリットを理解した上で、コンテナ苗の活用を選択肢として事業体の経営理念に加えていくことが重要であると考えます。

今回、再造林ＰＴの中間成果として、コンテナ苗の特徴や植栽における注意点等を抜粋した携行資料を作成しました。発注者や造林事業体の方に積極的にご活用いただき、低コスト造林の第一歩となるコンテナ苗の導入を検討する一助となれば幸いです。

表3　コンテナ苗による植栽の導入を考える方のために（携行資料）

【表面】コンテナ苗と普通苗の特徴

苗の種類	普　通　苗		コンテナ苗
外見の略　図		優位性の比較	
容積・重量	普　　通	＞	やや重い（根鉢重量含む）
運搬の容易さ	束ね運び等運搬は容易	＞	根鉢が嵩張り大量運搬に課題
運搬器具	苗木袋・苗木ザック	＝	腰籠（農業用籠の代替）
育苗期間	長い（３年）	＜	短い（半年～２年）
植栽器具	唐クワ（重い）	＜	宮城県苗組式専用植栽器具（軽い）
植栽時期	春・秋・３月	＜	通年（植物が生長できる時期）（厳冬期間は不可）
植 え 穴	大きい植え穴を掘る必要有	＜	植栽器具による穿孔方式（陥入式）
植栽難度	難（植え付け工程難）	＜	容易（植え付け工程易）
植栽効率	約 350 本／日（人）	＜	約 600 本／日（人）
労働負担	大きい	＜	小さい
活着率	90%	＜	95%
苗木単価	安　　価	＞	やや高価
植栽本数（今後要検討）	3,000 本／ ha（標準）	＜	1,000 本／ ha 以上で可
事業費	約 100 万円／ ha	＜	約 27 万円／ ha（大河原地域のコスト分析調査結果から）
備　考	ひとクワ植は枯損する傾向が大　丁寧植えを推奨	＝	浅植えは乾燥による影響が大　5㎝以上程度の深植えを推奨

【裏面】植栽上の参考事項

1．苗木単価は、コンテナ苗が若干割高になりますが、普通苗より活着性が良いため、疎植とすることで事業費を押さえることができます。

2．コンテナ苗の植栽では、専用植栽器具の使用が原則です。根鉢と土壌をまんべんなく密着させる形の植え穴とすることが重要であり、専用植栽器具でなく唐クワなどを使用した場合、土壌との密着性が失われるとともに、根鉢を変形または壊すおそれがあることから、必ず専用植栽器具を使用するようにしてください。

3．専用植栽器具の使用によって植栽工程が単純になり、植栽時間を普通苗の約 50%程度まで低下させ、作業者の労働負担が軽減できます。

4．コンテナ苗の移動や運搬、植栽作業の際に根鉢を壊さないよう、また、 作業の間に根鉢を乾燥させないように十分注意してください。

5．コンテナ苗植栽においては、根鉢の上面が５㎝以上程度、地表面から下になるよう、深植えを心がけてください。乾燥による枯損率を低下させます。

　また、植え付け後の踏み固めはごく軽度にとどめ、過剰な踏み固めによる根鉢の変形を避けるよう配慮してください。

6．運搬の効率性については普通苗が勝っていることを考慮し、作業道そばや平坦地においては優先的にコンテナ苗を使用し、作業道から運搬距離がある箇所や斜面上部など傾斜のある箇所においては普通苗を使用するなど、現地での使い分けを行うことも作業効率の向上や造林後の生育を確保するために有効です。

7．皆伐を行う時点から造林作業の内容を検証し、枝条や下層植生、林地残材の処理を行う場所の設定等を行いながら施業することで、造林に伴う地拵え作業の省略が可能となり、植栽経費の大幅な縮減が期待できます。

8．造林の設計においては、基本事項である適地適木の遵守（沢筋や肥沃な土地を選択した人工植栽）を心がけてください。

森林施業全体の省力化・低コスト化の実現に向けて

コンテナ苗を活用した新たな造林システムを

造林から伐採までの森林施業において、初期投資である造林や下刈りなどの保育については、全体費用の中で大きなウエイトを占めています。しかし、経費低減の検討は、立木伐採や搬出経費など木材生産段階よりも大きく遅れています。

造林や保育作業については機械化が難しく人力作業が主体であることから、森林資源の保続を図っていくためには、地拵え・造林・保育経費の低減が重要であり、人力作業の軽減化を目標として開発された「コンテナ苗」の活用促進が大きく期待されています。

コンテナ苗は、従来の「普通苗（裸苗）」に比べ、優れた特性を持ち合わせていますが、一方で、普及に当たっては従来と異なる技術であることや、一般森林所有者までその特性の十分な理解が浸透しにくいなど課題も多く、今後も継続して宮城県や宮城県農林種苗農業協同組合などから働きかけを強化していく必要性があります。

コンテナ苗の活用促進が、省力化・低コスト化に直結することは各方面の研究成果などからすでに明らかになっており、事業発注者、造林事業者が特性を十分に理解し、コンテナ苗を活用した新たな造林システムに取り組むことで、森林施業全体の省力化・低コスト化の実現に大きな一歩を踏み出したものと言えます。

培地の成分や肥料の添加配分などについても常時研究が重ねられているほか、地域の特性や気象条件に適応したコンテナ苗の生産が全国各地で取り組まれています。宮城県は全国でもコンテナ苗の先進地として早くから生産に取り組み、県と宮城県農林種苗農業協同組合が一体となって活用拡大を図ってきましたが、今後とも、協働してさらなる普及に取り組んでいくこととしております。

事例編２

Mスターコンテナの開発と普及

宮崎県林業技術センター　育林環境部
特別研究員兼副部長
三樹《みつぎ》　陽一郎

Mスターコンテナの開発と普及

宮崎県林業技術センター　育林環境部
特別研究員兼副部長　三樹《みつぎ》　陽一郎

独自開発の育苗コンテナ

宮崎県は、昭和30年代から営々と続けられてきた拡大造林の成果により、人工林の面積が34万８０００ha（平成26年3月1日現在、宮崎県統計要覧）と県内の森林面積の約６割まで占めるようになりました。これに伴い、森林資源は着実に充実し、スギ素材生産量は平成25年時点で23年連続全国1位となっておりますが、「植えて、伐って、また植える」という資源の循環利用を通じて、持続的な林業経営を成立させていくことが必要となっています。

このような中、木材生産現場においては、高密度路網の整備や高性能林業機械の導入により伐出作業の効率化が図られてきましたが、林業採算性の向上のためには、造林・保育に要する低コスト化も重要となっています。スギ・ヒノキ等の素材生産量の増加とともに、再造林面積は、年々増加が見込まれる一方、その林業従事者数は減少傾向にあり、高齢化率も他産業に比べて高水準となっていることから、年間労力量の平準化や作業の省力化、労働強度の軽減等が求められています。

これらのことから、近年では取り扱いが容易で通年植栽が可能な「コンテナ苗」が注目されています。コンテナ苗は、海外では既に育苗技術が確立され、一般に普及していますが、国内では、これまで生産事例が少なく、国産樹種に対応した育成技術の早期確立と植栽現場での利用促進が課題となっていました。

そこで、宮崎県林業技術センターでは、平成20年度からコンテナ苗の生産・利用拡大に関する研究に取り組み、コンテナ苗を育成する資材「Mスターコンテナ」(M-StAR Container：Multi-Stage Adjustable Rolled Container、多段階調節型筒状容器)を考案するとともに、これを用いたスギ苗の育成技術の開発を進めてきました。ここでは、Mスターコンテナの開発経緯と実用化について紹介します。

Mスターコンテナとは

Mスターコンテナは、コンテナ苗を育成するための育苗資材で、当センターが開発しました。構造は単純で、育苗シート（ポリエチレン製の片面波形シート）を筒状に丸めた容器とそれを支えるトレーで構成され、主な特徴は以下のとおりです。

【Mスターコンテナ　6つの特徴】

①容器側面には縦溝があり、壁に当たった根は溝に沿って垂下するようになっている。また、底部は開放されているため、ポット苗で見られるような根系が渦巻き状になるルーピング現象を防止できる。

②育苗シートの巻き加減で直径（容積）が調節できるため、樹種や苗木の大きさが変わっても、新たな容器（シート）を追加購入する必要がなく、同一の資材で対応できる（格子幅の異なるトレーは必要）。

写真１　Mスターコンテナの概要

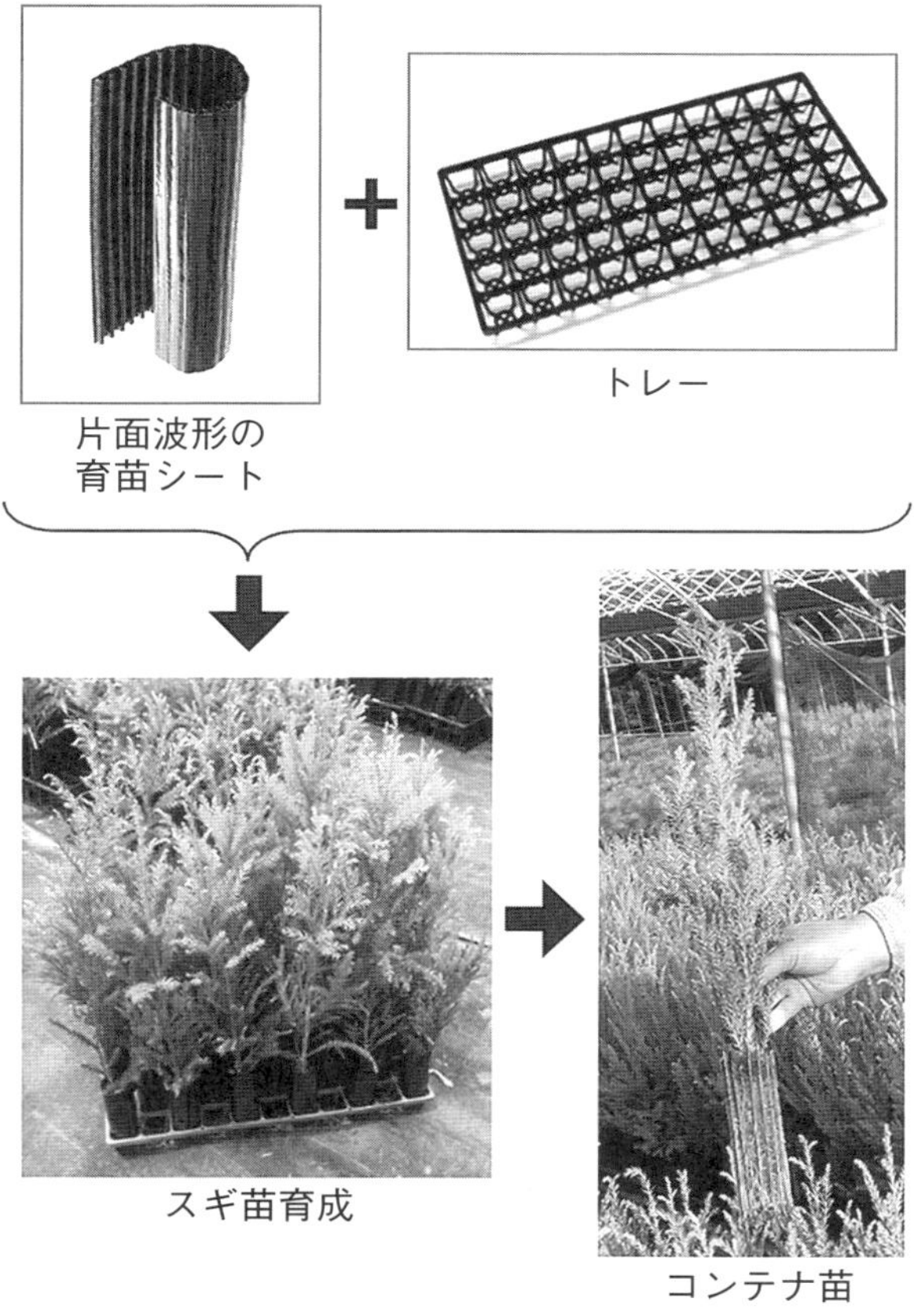

③発根した幼苗を容器に移植する場合、展開した育苗シート上に培地と根系部をのせ、海苔巻き方式で一緒に巻くことで、根の損傷を防ぐことができる。

④個々の容器が独立しているため、容器の配置を変えることにより、苗木の成長状況に適した本数密度に調節することができる。また、枯損苗と生存苗の入れ替えが自由に行えるため、無駄な育苗スペースを少なくすることができる。

⑤容器が育苗シートを丸めただけなので、シートを展開することにより、育苗中の発根や培地の水分状態を把握することができる。また、山出しの際にも、根鉢の取り出しが容易にできる。

⑥育苗後、苗木から分離したシートは、広げて重ね合わせることでコンパクトになり、消毒の簡素化、保管場所の省スペース化が図られる。

写真２　容器サイズ別根系形成の状況

育苗技術の開発

スギ挿し木コンテナ苗の最適な育成方法を明らかにするため、以下のことについて研究を行いました。

⑴容器サイズの決定

スギコンテナ苗の実用的な容器サイズを検討するため、容器の直径が３、４、５cm、高さが12、16、20cmを組み合わせた９種類（容量：58〜３４２ml）で挿し木苗を育て、さらに植栽試験を行いました。その結果、容器サイズ（＝根鉢サイズ）が大きいほど苗高が伸長する傾向にありましたが、林地での植栽では、大きな植え穴が必要なため、植え込み作業に時間を要し、作業効率は低下しました。このため、「育てやすさ」と「植えやすさ」の両面を考慮して、容器サイズは直径４cm以下、高さ16cm以下に設定することとしました。

(2) 培地の種類

従来のポット苗は培地に畑土等が用いられていたため、重量があり運搬に労力を要していました。一方、コンテナ苗はヤシ殻ピート（ヤシの殻をおがくず状に砕いたもの）等を用いることにより軽量化を図ることができ、さらに当センターでは、地域資源の循環利用の観点から、県産のスギを主体とする針葉樹バーク堆肥が培地に活用できないか検討しました。

ヤシ殻ピートとバーク堆肥の容積混合率を０、30、50、70、１００％と変えた培地でスギ苗を育成した結果、バーク堆肥１００％を除いて、苗木の成長に著しい差はないことが分かりました。このため、ヤシ殻ピートと県産針葉樹バーク堆肥を同量に混合したものを標準培地としました。

(3) 施肥量の配分

ヤシ殻ピートと針葉樹バーク堆肥を基材とした特殊な培地でスギ苗を健全に育てるためには、肥料は欠かせないものであり、適切な施肥量を明らかにする必要がありました。

写真３　肥料の配合量と苗木の成長状況

０　３　６　９（g／ℓ）

肥料の種類は、育苗容器の容積が約２００mlと少量のため、根が肥料に接触しても成長障害を受けにくいもの、また、施肥回数を少なくするため、肥料の効果が長期間持続するものを選択しました。試験は、肥効が約２年間持続する緩効性肥料（N：P：K＝16：５：10）を用いて、施肥量を段階的に変えて苗木を育てました。その結果、施肥量が多いほど苗高の成長が促進する傾向にありましたが、多量に施肥した苗木では、主軸の先端が軟弱になるものが見られたことから、培地１リットル当たり６～８gの配合を適量としました。

さらに、培地に配合する肥料に加えて、育苗中に液肥を散布することで苗木の成長が促進されました。

(4) 育成密度の決定

Mスターコンテナは、トレーに立てる容器の本数により育成密度を調節することができます。そこで、スギコンテナ苗に適した仕立て本数を検討するため、容器の配置を変えて（本数密度：40、79、158、316本／㎡）育苗し、成長・形質を調査しました。その結果、育成本数が40本／㎡の低密度の場合、根元径の成長は良好でしたが、苗高の伸長量が小さく、宮崎県造林用苗木規格（スギコンテナ苗：苗高40cm上、根元径5mm上）に適合する割合が低くなりました。一方、316本／㎡の高密度の場合、根鉢形成の未発達や地上部組織の軟弱な苗木が多くなる傾向がみられました。密度が79本と158本／㎡において、苗高と根元径のバランスがよかったことから、双方の間になるような仕立て方がコンテナ苗生産に適していると考えられました。

(5) 育苗中に容器の容量を拡大

育林作業において下刈りは、必要な期間が5～7年程度と長く、多くの経費を要しますが、大苗の植栽により下刈り期間の短縮が期待できます。

Ｍスターコンテナは、育苗シートの重ねしろを調整して容器をサイズアップすることで大苗の育成も可能になります。Ｍスターコンテナによる育苗2年目のスギを用いて、育苗シートを展開して培地を追加する処理（容量：約２００ml→３８０ml）を時期別（２・４・６月）に行い、その後の苗木の成長について調査しました。その結果、サイズアップ処理した苗木は、無処理の苗木と比べて、どの時期も苗高が伸長する効果が認められました。さらに、４月までに処理を行えば、当年の秋には、根鉢が十分に形成された大苗に育成できることが明らかとなりました。

実用化への道

⑴ 丸めた育苗シートの固定方法を模索

Ｍスターコンテナの開発当初は、丸めた育苗シートの継ぎ目部分をどう固定するかに執着していました。

まず、継ぎ目を高熱で溶着する方法で筒状の容器を試作しましたが、苗木を育成したところ、

写真４　培地充填用穴あきプレート

発達した根系部が容器内壁を圧迫し、苗木の取り出しが困難になることが判明しました。次に、クリップによる固定を試みたところ、苗木の容器からの着脱は容易になりましたが、大量の苗木を取り扱う場合は、クリップの資材費や固定作業の負担が予想以上にかかります。このため、最終的には、育苗シートの「重ねしろ」を長めに設けることで、継ぎ目を固定しなくても円筒が形成でき、根系部も支障なく保持できることや容器の組み立て作業も簡素化できることが明らかになりました。

(2) 効率よく培地を充填するには

トレーに立てたＭスターコンテナの各容器に培地を充填する際、容器間に培地がこぼれやす

写真５　海苔巻き方式による発根した苗の移植

く、充填作業の効率化が課題となっていました。そこで、トレーに立てた容器の配置と一致する穴あきのプレートを作製し、容器群の上にのせて使用することにより、複数容器への培地充填が一度にできるようになりました。

(3) 幼苗の移植は「海苔巻き方式」で

前述のような培地の充填作業は、その後、挿し木を行う場合によく用いられますが、あらかじめ箱挿し等で発根した幼苗を移植しようとすると、容器の開口部が狭いため作業効率がよくありません。この場合、育苗シートの組み立て、培地の充填、幼苗の移植を同時に行う海苔巻

写真６　育苗シートの展開による容器内観察

き方式が威力を発揮します。

この方式は、広げた育苗シートに培地と幼苗の根系部分をのせ、育苗シートを海苔巻きのように包み込む方法です。一見、手間がかかりそうですが、組み立てた容器に移植する方法と時間はそれほど変わらず、根が折れ曲がったりしないため損傷が少なく、移植後の生育も順調に進みます。また、この方法は、挿し床で発根が少々進んだものでも移植できるため、苗木生産者にとって育苗スケジュールの調整ができることも大きなメリットといえます。さらに、発根した苗木と発根途上の苗木を区分して移植することにより、苗木の均一性が高まり、収穫作業の効率化を図ることができます。

(4) 根の発達状態を確認できる

苗木の育成は、容器の直径が３～４㎝程度と小さいことから、こまめな水分管理が必要です。その点、容器が育苗シートを丸めた構造になっているＭスターコンテナは、シートの展開により容器内の観察が可能であることから、培地の水分状態を容易に把握することができます。併せて、根の発達状態も確認でき、苗木の生育具合を逐次チェックできるようになりました。

(5) 収穫の効率化

個々の容器が独立しているため、収穫時には規格に適合した苗木は１本釣りのような方式でピックアップすることができ、規格から外れた苗木は１カ所に配置換えすることで、集中的な管理と継続的な栽培が可能となりました。

(6) 山行き苗の荷づくりの工夫

山行き苗は、育苗シートを取り外し、10本を１束にして根鉢の側面部分を非塩素系のフィルムでラップするようにしました。これにより、根鉢の乾燥や形崩れが防止でき、本数の管理が容易となったほか、苗束が自立するため、出荷までの水管理が簡単になりました。

写真7　根鉢をフィルムでラップしたコンテナ苗

なお、取り外した育苗シートは再利用が可能で、重ねてコンパクトにすることにより資材消毒の簡便化や保管時の省スペース化を図ることができました。

(7) 意欲的な苗木生産者の存在

Ｍスターコンテナの開発は、宮崎県緑化樹苗農業協同組合と一体となって進めました。特に、同組合理事でもある林田農園の林田喜昭氏（児湯郡川南町）には、開発当初からＭスターコンテナの使い勝手や改良点について、多くの貴重な意見・提案をいただきました。さらに、林田氏は、独自に育苗方法の見直しや、Ｍスターコンテナの育苗シートを重ねて収納する治具《じぐ》の製作など生産の効率化を進めているほか、生産現場を林業関係者の研修の場として開放し、自身の育苗技術をオープンにしてコンテナ苗の開発・普及に協力をいた

写真８　育苗シートの収納する専用治具を自作した林田さん

だいています。

Mスターコンテナの普及に向けて

(1) 育苗マニュアルを作成。研修会等でも林業関係者へ周知に努める

これまでの研究成果を基に、当センターでは、平成25年6月に「Mスターコンテナを用いたスギ育苗マニュアル」を作成し、良質なコンテナ苗の生産を技術的に支援するとともに、苗木生産者が広く平等に利用できるよう特許を出願しています（特願2013−217540）。

また、コンテナ苗の生産はもとより、植栽現場での利用を進めるために植栽指導や、林業関係の研修会における説明など積極的に普及を図っているところです。

(2) コンテナ苗の利用者・生産者向けの助成

宮崎県では、森林所有者等にコンテナ苗を利用してもらうきっかけをつくるため、平成24〜25年度に「コンテナ苗利用・生産促進事業」を実施しました。内容は、コンテナ苗利用を推進

表１　Mスターコンテナを紹介した宮崎県内での主な研修会等（平成25年10月～平成26年９月）

H25.10. 1	宮崎森林のプロフェッショナル養成事業 優れた林業経営者養成研修
H25.10. 9	諸塚村産業部長研修会
H25.11.29	「緑の雇用」現場技能者養成対策事業 フォレストワーカー３年次集合研修
H25.12.19	林務関係試験研究機関による研究成果報告会
H26. 2.21	林業用種苗生産者講習会
H26. 7. 2	美郷町北郷区林研グループ研修会
H26. 7.14	みやざき林業青年アカデミー研修
H26. 9.11	宮崎県緑化樹苗農業協同組合 青年部会育成講習会
H26. 9.18	林業普及指導員　課題研修
H26. 9.26	宮崎県森林組合連合会 平成 26 年度森林組合理事・監事研修会

写真9　コンテナ苗生産に取り組む中村さん（左）

するため、森林所有者等が補助事業でコンテナ苗の植栽を行う場合に、通常苗との植栽の負担額の差額を助成しました。また、コンテナ苗生産を促進するため、新たにコンテナ苗を生産する場合に、生産経費の一部（育苗シート、トレー）に対して助成を行いました。ちなみに、平成26年度春の宮崎県におけるスギコンテナ苗の標準単価は130円となっています。

(3) 林家がコンテナ苗生産にチャレンジ

約40haの山林を所有している都城市の中村干城《かんじょう》氏は、伐採までの収入を確保するため、平成23年春からMスターコンテナによるスギ苗生産を開始しました。これまで、スギ苗の育成は未経験であったため、何度も当センターまで足を運んで技術を習得し、ス

図1　Mスターコンテナによるスギコンテナ苗生産量の推移

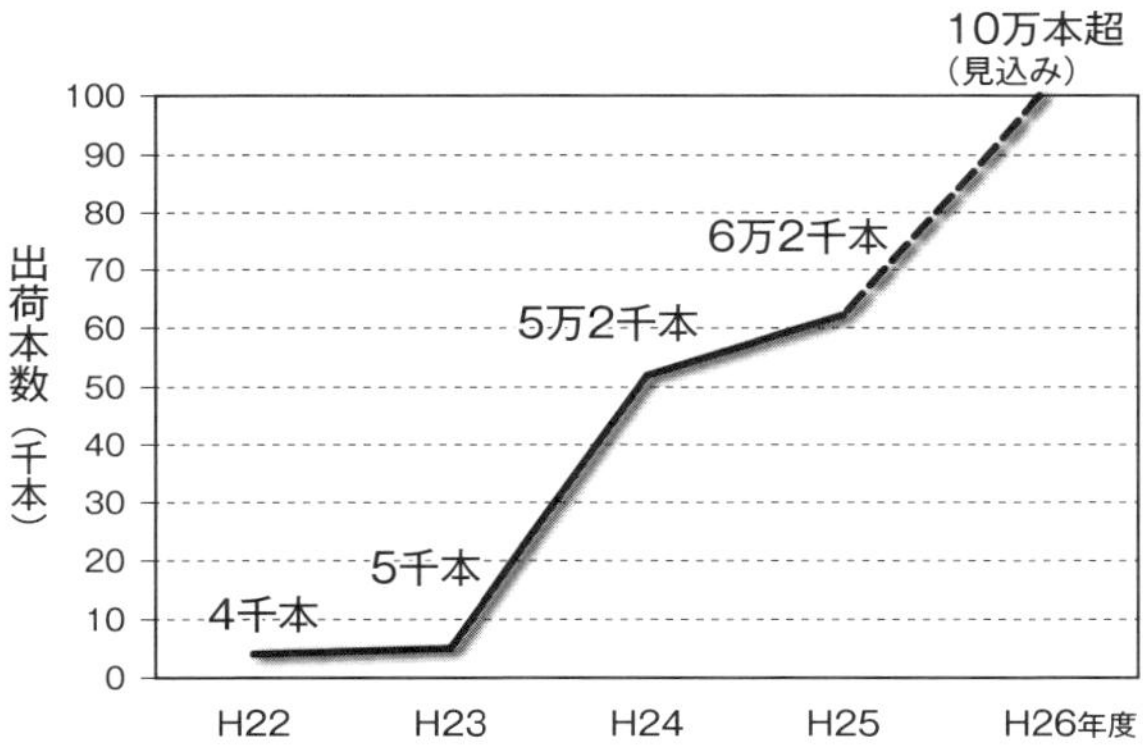

ギ採穂母樹の造成や育苗施設の整備等に取り組み、種苗生産事業者の登録も行いました。現在、ようやく出荷できるようになり、平成27年春には９０００本を見込んでいます。

今後の展開

Mスターコンテナによる本格的なスギの苗木生産は、平成22年度から開始され、平成25年度には6万2０００本まで増加しました。現在、宮崎県内の民有林に植栽されるスギ苗木本数が約３５０万本ですので、コンテナ苗が占める割合は、わずか３％程度にしかすぎません。しかし、今後、再造林面積の増加とともに、コンテナ苗の需要もさらに増していくと予想されることから、コンテナ苗をいかに安定供給していくかが重要と考えられます。このため、植栽現場のニーズに対応した苗木生産現場における技術的改善、新規に取り組む生産者への指導等を積極的に行い、高品質なコンテナ苗を効率的に生産するための技術の確立と普及に努めたいと考えています。

事例編３

コンテナ苗の低密度植栽
―フォレスト再生モデル実証事業の結果より

ノースジャパン素材流通協同組合（岩手県）

コンテナ苗の低密度植栽
―フォレスト再生モデル実証事業の結果より

ノースジャパン素材流通協同組合（岩手県）

平成20年度から低コスト再造林法の実証試験を行う

素材生産を行う組合員の協力で実証試験

ノースジャパン素材流通協同組合（以下、ＮＪ素流協）の組合員の多くは、立木を伐採して素材（丸太）を生産し、木材加工工場等へ納入しています。

その生産現場は、針葉樹人工林がほとんどであり、それらの多くは昭和40年代の拡大造林時代に植栽されたものです。

平成21～23年における岩手県での再造林率を、公表されているデータ等から推定したところ約25％となり、人工林の伐採跡地の4分の3が再造林されずに放置されているという、資源維持や国土保全上危惧すべき状況となっています。

このような背景を受けて、当NJ素流協では組合員の協力をいただきながら、平成20年度から低コスト再造林法の実証試験を行ってきています。

一貫作業と低密度植栽を検討

伐採から植栽までの作業は従来、伐採、地拵え、植栽とそれぞれが分断・独立された作業として別々に実施されてきていましたが、経費を削減する再造林法の試みとして、次の方法を検討することとしました。

①伐採に使用している重機を地拵え作業でも継続して使用することにより、経費、労力を削減できないか。

②近年、材の利用形態が変わってきて、材の形質があまり重要視されなくなってきていることから、植栽本数を少なくすることにより、経費、労力を削減できないか。

平成24年度からはすべてコンテナ苗で試験

伐採から植栽までの一貫作業や低密度植栽が果たして可能なのか、効果があるのか等、不明な事柄が多かったことから、平成20〜21年度に組合員の協力を得て予備試験を行いました。

その結果、十分に効果が見込まれたので、平成22年度より3カ年計画で「フォレスト再生モデル実証事業」として本格的に取り組むこととし、平成24年度までに28カ所の実証地において実証試験を行いました。

地拵え作業において、重機を使用して行う作業方法は各年度とも変わりませんが、植栽方法は実施年度によって変わってきています。

平成21年度の予備試験では、カラマツ大苗をha当たり1500本で植栽しましたが、この密度では造林補助事業の対象とならないことから、平成22年度における植栽密度は、補助対象最低本数の1割増の本数としました（ha当たりスギ2200本、カラマツ1980本）。

平成23年度は造林補助対象の最低本数が引き下げられたことから植栽本数を減らし（スギ2000本、カラマツ1500本）、加えて可能ならばコンテナ苗を植栽しました。

さらに平成24年度は、植栽密度は前年度と同じにしながらも、必ずコンテナ苗を植栽しました。

コンテナ苗の低密度植栽

平成24年度事業で実施したコンテナ苗の低密度植栽について、実証結果を報告します。

コンテナ苗の活着は良好

地拵え終了後、スギまたはカラマツのコンテナ苗を、ha当たりスギ2000本、カラマツ1500本を目標に植栽するよう、組合員に依頼して行いました。協力いただいた組合員は、横澤林業㈱、㈲丸大県北農林、㈱イワリン、㈱小野寺林業、㈱泉山林業、柳本一男、袖林義雄、上北森林組合（2カ所）の8名です（敬称略）。

各組合員が植栽した9カ所の面積や植栽密度等は表1のとおりです。実際の植栽作業は平成25年度に実施し、植栽時期は、コンテナ苗の入手の都合上、5月中旬から11月下旬と長い期間となっています。

活着状況と植栽木の状況の調査を秋に実施しています。植栽直後のものもありますが、活着率は（表1）№1の7月上旬植栽のもの以外は100％となっており、この状況は翌春の調査でも変化はないことから、コンテナ苗の活着は良好であると言えます。7月上旬植栽のものは

表1　植栽時期と活着率ほか

No.	植栽苗木	植栽面積（ha）	植栽密度（本／ha）	植栽時期	活着率等調査時期	活着率（%）	植栽苗木の大きさ	
							根元径（mm）	高さ（cm）
1	カラマツコンテナ苗	0.64	1,480	7月上旬	9月下旬	72	8.4	44.1
2		3.00	1,550	9月下旬	10月上旬	100	4.6	47.0
3		0.60	1,550	9月下旬	9月下旬	100	4.9	46.7
4		0.20	1,550	9月下旬	9月下旬	100	5.1	42.9
5		0.58	1,570	11月下旬	12月上旬	100	5.4	50.3
6		0.54	1,875	11月中旬	11月下旬	100	5.2	46.0
7	スギコンテナ苗	0.47	2,000	5月中旬	10月中旬	100	7.1	46.4
8		0.50	2,000	5月中旬	10月中旬	100	9.0	55.7
9		1.00（※）	2,000	7月上旬	11月上旬	100	6.9	45.6

（※）全体の植栽面積は4.20haで、そのうちスギコンテナ苗1.00ha

植栽後長期にわたって降雨がなく、高温が長く続いたため活着率が低くなったと思われます。

植栽作業の労働量と経費

植栽本数と植栽労働量から、コンテナ苗100本を植えるのに必要な植栽功程を求めると全体平均で0・75人となりました。公表されている通常苗（裸苗）の植栽歩掛0・56人より大きくなっています。

通常、コンテナ苗の植栽功程は、裸苗より有利であると言われていますが、反対の結果となったのは、今回の作業員がコンテナ苗の植栽作業に慣れていなかったことも一因であると考えられます。

しかし、植栽箇所別の植栽功程は0・36〜1・11人と差があり、組合員自らが植えないで他の業者へ委託したもので大きくなっています。

また、コンテナ苗の低密度植栽による労働量と経費を、通常苗（裸苗）の一般的な植栽（ha当りスギ3000本、カラマツ2500本）と比較すると、図1のようになります。

労働量では、普通植栽より多くなっている事例（比率1・0以上）が3件ありますが、これらは前述したように植栽を他に委託した箇所のものであり、組合員自らが植えたものは1・0以

図1　普通植栽に対する比率（労働量、経費）

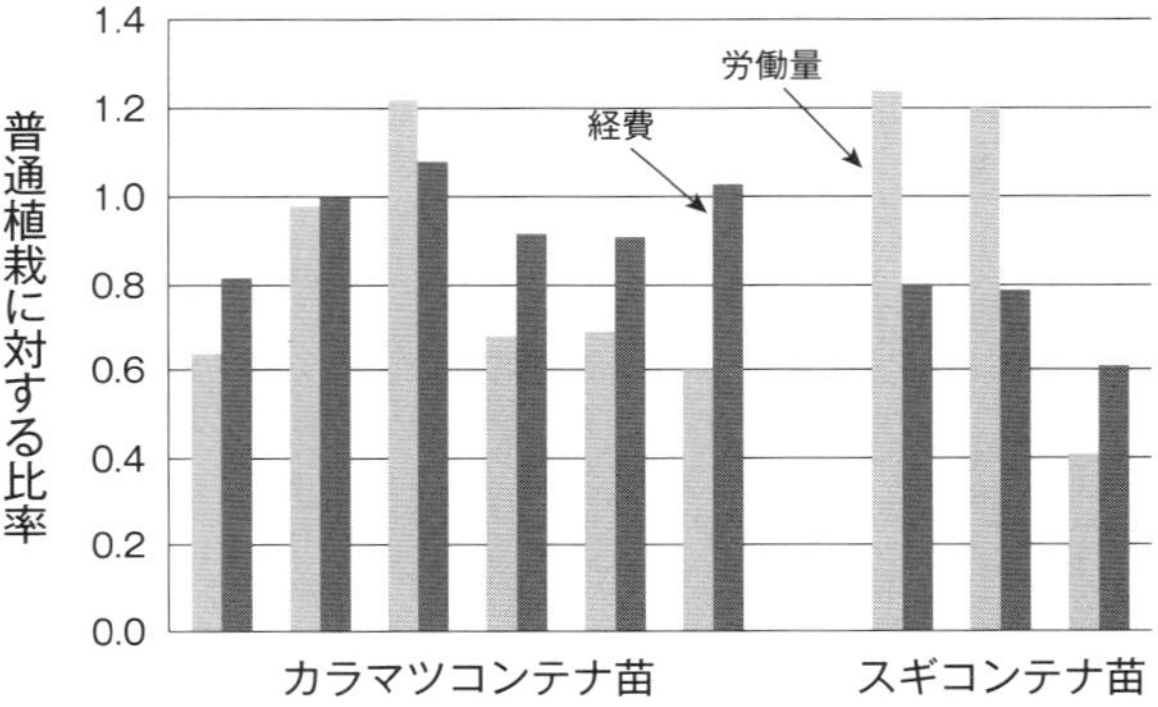

下と、普通植栽よりも少ない労働量となっています。

一方、経費の比率は、カラマツが0・8～1・1、スギが0・6～0・8と、スギ植栽の方が削減程度が大きくなっています。これは、コンテナ苗は裸苗より高価ですが、その価格差はスギよりカラマツの方が大きいため、カラマツコンテナ苗を利用した場合、一般的植栽と比較して、植栽本数が少なくても経費が割高になったと考えられます。

なお、平成26年度の森林整備補助制度では、コンテナ苗を利用した場合の標準事業費が見直され、苗木の価格・功程の差が考慮されることとなりました。この標準事業費に対する実証事業の経費の比率は、カラマツで0・5～0・7、スギで0・6～0・7となり、植栽本数の減少（低密度植栽）が経費削減の主な要因として考えられます。

　コンテナ苗は活着が良好であるという特質を持っており、さらに、低密度で植栽した場合の労働量や経費は削減傾向にありますが、作業方法により異なっており、より効率的な方法の検討が必要です。

事例編 4

「Mスターコンテナ」の普及
－林家によるコンテナ苗の自家育苗

編集部

「Mスターコンテナ」の普及
――林家によるコンテナ苗の自家育苗

編集部

研究者から苗木生産者、林家へと技術が伝わる

コンテナ苗を植栽し、自家育苗も

「7～8年生のスギから採ってきた穂を挿したものです。来年の春に山へ植える予定です」

自宅のすぐ隣にあるハウスの中で、手ずから育てた苗を前に朗らかに話す抜屋《ぬきや》臣雄氏。所狭しと並んだ約1000本のコンテナ苗が、瑞々しく輝いています。

低コスト造林を可能にする技術として、全国的に注目を浴びているコンテナ苗ですが、個人

ビニールハウスの中で約 1000 本を育苗中の抜屋臣雄さん。
挿してから 1 年〜 1 年半ほどで苗になる

「Mスターコンテナ」で育苗

の林家にとってはまだ縁遠い存在ではないでしょうか。ましてや、コンテナ苗の育苗となると、個人ではなかなか手を出せず敷居の高いものとなっています。

そんな中、宮崎県日之影町で林業を営む抜屋臣雄さんは、「造林コストを抑えたい。ぜひコンテナ苗を試してみたい」とコンテナ苗を購入し、所有林に植栽しました。その結果は、「植えるのが楽で、活着も良い」。抜屋さんはそれに満足するだけでなく、「それなら自分でも苗作りにチャレンジを」と考え、さっそく実行に移しました。それが冒頭の1000本のコンテナ苗です。

研究成果が林家にも普及

各地で普及が始まっているコンテナ苗はマルチ

育苗用のビニールハウス

キャビティコンテナ等の資材を必要とするのが一般的ですが、ここ宮崎県では少々事情が異なり、身近にある材料を使った育苗法が進められています。それは、宮崎県林業技術センター（以下、「センター」）が開発した、農用資材や梱包材を流用した「Ｍスターコンテナ」と呼ばれる技術（１０２頁参照）。抜屋さんが育てているコンテナ苗も、このＭスターコンテナを使ったものです。

Ｍスターコンテナで使う資材は、ポット用のトレー（農業資材）と、ポットの代わりとなる樹脂シート。この樹脂シートは、段ボールと同様の仕組みで片面に起伏（溝）が付けられた梱包資材です。この樹脂シートを丸めて筒状にし、トレーに差し込んで培地を入れ、そこに穂を挿します。培地は、軽量化を図るため「ヤシ殻ピートとバーク堆肥を半々にしたものを基本とし、その他の肥料などは生産者ごとに工夫されています」。そう話すのは、センターの研究員でMスターコンテナを考案した三樹陽一郎さん。取材当日は、「抜屋さんがどのように育苗しているのか、ぜひ見てみたい」と、わざわざ現場まで駆けつけました。研究成果が現場で納得・活用されている様子を見るのは、研究者冥利に尽きると言ってもいいのではないでしょうか。

苗木生産者が惜しみなくノウハウを伝授

一方、センターから技術を導入し、Mスターコンテナで苗木生産・出荷を行っているのが林田喜昭さんです。林田農園を営み、「森の名手・名人」にも選ばれるなど、宮崎県を代表する苗木生産者の一人です。実は、「根鉢の小さいポット苗はないか」と三樹さんに尋ねたことが発端でセンターでの研究が始まり、Mスターコンテナの開発に至ったそうです。

林田さんは、「林家さんがいなければ、私たちの商売も成り立ちません」ときっぱり話し、抜屋さんの熱心な求めに応じてコンテナ苗の育苗法を惜しみなく伝授しました。この日も、箱挿ししている穂を「いつコンテナに移植するべきか」と尋ねる抜屋さんに、「カルス（根になる前の植物細胞の塊）ができれば大丈夫。根が出てからだと、移植の時に折れてしまいますよ」

左から、宮崎県林業技術センターの三樹陽一郎さん、コンテナ苗の植栽・育苗を実践中の林家・抜屋臣雄さん、抜屋さんに育苗法をアドバイスした苗木生産者の林田喜昭さん

と即答。本来、抜屋さんは苗を購入する立場ですから、「普通は教えてくれませんよね（抜屋さん）」。苗木生産者が林家に苗作りのノウハウを伝授する――。それは、技術に自信を持つ、苗のプロとしての心意気を感じさせる情景でした。あるいは、顧客である林家から技術を頼られた（認められた）ことを、むしろ誇りに感じているようにも見えたのです。

植えるのがとにかく楽

さて、舞台は抜屋さんの山へ。新植地では、2年生のスギ苗が風に揺られています。抜屋さんが、林田さんから購入して植えたコンテナ苗です。「植えるのがとにかく楽なんですよ」と抜屋さん。通常の苗（裸苗）の場合には大きく植え穴を掘りますが、コンテナ苗は根鉢が小さいので「ひとクワも可能」です。裸苗のように、根の収まりに神経質になる必要もありません。抜屋さんに実演していただいたところ、クワを振り下ろして軽く穴を広げ、石があれば取り除き、根鉢を穴に入れ、周囲の土をかけ、両足で軽く押さえて、という一連の作業の所要時間は20～30秒ほどでした。その様子を見ていた三樹さんは、「石が多いから、やっぱりクワがいいですね」と声をかけつつ、今まさに根付こうとする苗木を見守っています。

裸苗に比べて植栽作業が速くなり、1日に植えられる本数も増えました。「裸苗なら1日に

クワで植え穴を掘る抜屋さん。岩が多いのでクワが便利とのこと

根鉢が入る大きさだけ掘ればいい

250〜300本が限度。コンテナ苗なら500本いけます」と抜屋さん。さらに、「出荷時に根を切る必要がなく、培地ごとに植えることで水分も保たれるのでしょう。活着率がいいんですよ」という言葉通り、新植地を見渡しても赤く枯れた苗が見あたりません。このことには、意外な効果もありました。「下刈りも楽なんですよ。『次はこの辺だな』と見当をつけたところに苗が見つかるので作業がはかどる。枯れてなくなっていると、『どこにあるのか』とずっと探してしまいますから」。

コンテナ苗に夢を重ねる

「コンテナ苗は画期的な技術。今までなぜ日本になかったのか」と、山主の立場から絶賛する抜屋さんの言葉に、三樹さんも林田さんも「よくぞ言ってくれた」と言わんばかりの表情です。立場こそ異なるものの、コンテナ苗という新たな技術に夢を重ねる3人。利害を超え、熱意には熱意で、意気には意気で応える関係がとても羨ましく見えます。Mスターコンテナを考案した三樹さんも、苗を育てた林田さんも、実際に植えてこれから山を造っていく抜屋さんも、のびのびと枝葉を広げる苗木を満ち足りた表情で眺めていました。

索引

本書の著者

解説編

山田 健

独立行政法人森林総合研究所　林業工学研究領域
造林機械化担当チーム長

事例編

宮城県伐採跡地再造林プロジェクトチーム

林業技術総合センター、林業振興課、森林整備課、
各事務所の林業技術者により組織

三樹 陽一郎

宮崎県林業技術センター　育林環境部
特別研究員兼副部長

ノースジャパン素材流通協同組合

岩手県盛岡市。組合員が生産する素材及び
木質バイオマスの委託による共同販売等を行う

林業改良普及双書 No.178

コンテナ苗　その特長と造林方法

2015年2月20日　初版発行

著　者 —— 山田健
宮城県伐採跡地再造林プロジェクトチーム
三樹陽一郎
ノースジャパン素材流通協同組合

発行者 —— 渡辺政一

発行所 —— 全国林業改良普及協会
〒107-0052 東京都港区赤坂1-9-13 三会堂ビル
電 話　03-3583-8461
FAX　03-3583-8465
注文FAX　03-3584-9126
H P　http://www.ringyou.or.jp/

装　幀 —— 野沢清子（株式会社エス・アンド・ピー）

印刷・製本 — 松尾印刷株式会社

2015 Printed in Japan
ISBN978-4-88138-319-3

180 中間土場の役割と機能
遠藤日雄、酒井秀夫ほか 著
造材・仕分け、ストック、配給、在庫調整、管理組織整備による価格交渉、与信、情報共有の機能を各地の事例から紹介。

179 スギ大径材利用の課題と新たな技術開発
遠藤日雄ほか 著
大径材活用の方策と市場のゆくえを整理し、「積層接着合わせ梁材」等、各地で進む新たな木材加工技術開発を探る。

178 コンテナ苗　その特長と造林方法
山田 健ほか 著
期待されるコンテナ苗。その特長から育苗方法、造林方法、省力・低コスト造林の手法まで理解する最新情報をまとめた。

177 協議会・センター方式による所有者取りまとめ―森林経営計画作成に向けて
全林協 編
協議会・センターなどの地域ぐるみの連携組織で、取りまとめや集約化、森林経営計画作成等を行う効率的実践手法。

176 竹林整備と竹材・タケノコ利用のすすめ方
全林協 編
放置竹林をタケノコ産地、竹材・竹炭・竹パウダー、整備を行い市民のフィールドとして活用する等の事例を紹介。

175 事例に見る　公共建築木造化の事業戦略
全林協 編
予算確保、設計・施工工夫、耐火、設計条件規制のクリアなど、公共建築物の木造化・木質化に見る課題と実践ノウハウ。

174 林家と地域が主役の「森林経営計画」
後藤國利　藤野正也 共著
森林経営計画制度と間伐補助について、どのように活用するか、実践者の視点でまとめた。

173 将来木施業と径級管理―その方法と効果
藤森隆郎 編著
従来の密度管理の考えではなく目標径級を決めて行う「将来木施業」とは何かを、事例を紹介しながら解説。

172 低コスト造林・育林技術最前線
全林協 編
伐採跡地の更新をどうするか。人工造林による持続する森づくりのための低コスト技術による実証研究を概観。

※定価／本体1,100円＋税

171 **バイオマス材収入から始める副業的自伐林業**　中嶋健造 編著

地域ぐるみで実践する「副業的自伐林業」。収益実現が可能な仕組みと地域興しへの繋がりを紹介。

170 **林業Q&A　その疑問にズバリ答えます**　全林協 編

林業関係者ならではの疑問・悩みに、全国のエキスパートが聞き役となり実践的にアドバイス。

169 **「森林・林業再生プラン」で林業はこう変わる！**　全林協 編

再生プランを地域経営、事業体経営にどう生かすか。経営戦略、施業、材の営業・販売の実践例。

168 **獣害対策最前線**　全林協 編

シカ、イノシシ、サル、クマなどの獣害に悩み、解決に向けて懸命の活動をつづける現地からの最前線レポート。

167 **木質エネルギービジネスの展望**　熊崎 実 著

海外の事情も紹介しながら木質エネルギービジネスについて展望したもので、新しい技術も解説している。

166 **普及パワーの施業集約化**　林業普及指導員＋全林協 編著

団地化、施業集約化に向けての林業再生戦略を普及活動の主導により進める手法について、実践例を基に紹介。

165 **変わる住宅建築と国産材流通**　赤堀楠雄 著

住宅建築をめぐる状況や木材の加工・流通などがどう変わってきたのかを、現場の取材を踏まえて明らかにする。

164 **森林吸収源、カーボン・オフセットへの取り組み**　小林紀之 編著

地球温暖化対策の流れとともに、拡がる森林吸収源の活用、カーボン・オフセットなどへの取り組みを紹介。

163 **間伐と目標林型を考える**　藤森隆郎 著

管理目標を「目標林型」として具体的に設定するための考え方、そこへ向かう過程としてのよりよい間伐を解説。